U0366331

住房和城乡建设部"十四五"规划教材

高等学校智能规划系列教材

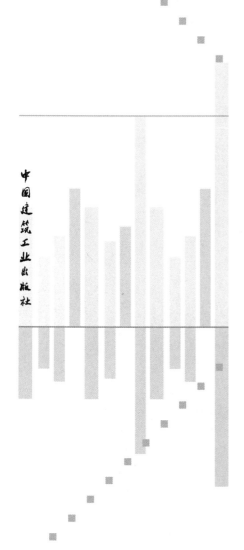

概论 新城市科学

龙 瀛◎著

中国建筑工业出版社

出版说明

　　党和国家高度重视教材建设。2016 年，中办国办印发了《关于加强和改进新形势下大中小学教材建设的意见》，提出要健全国家教材制度。2019 年 12 月，教育部牵头制定了《普通高等学校教材管理办法》和《职业院校教材管理办法》，旨在全面加强党的领导，切实提高教材建设的科学化水平，打造精品教材。住房和城乡建设部历来重视土建类学科专业教材建设，从"九五"开始组织部级规划教材立项工作，经过近 30 年的不断建设，规划教材提升了住房和城乡建设行业教材质量和认可度，出版了一系列精品教材，有效促进了行业部门引导专业教育，推动了行业高质量发展。

　　为进一步加强高等教育、职业教育住房和城乡建设领域学科专业教材建设工作，提高住房和城乡建设行业人才培养质量，2020 年 12 月，住房和城乡建设部办公厅印发《关于申报高等教育职业教育住房和城乡建设领域学科专业"十四五"规划教材的通知》（建办人函〔2020〕656 号），开展了住房和城乡建设部"十四五"规划教材选题的申报工作。经过专家评审和部人事司审核，512 项选题列入住房和城乡建设领域学科专业"十四五"规划教材（简称规划教材）。2021 年 9 月，住房和城乡建设部印发了《高等教育职业教育住房和城乡建设领域学科专业"十四五"规划教材选题的通知》（建人函〔2021〕36 号）。为做好"十四五"规划教材的编写、审核、出版等工作，《通知》要求：（1）规划教材的编著者应依据《住房和城乡建设领域学科专业"十四五"规划教材申请书》（简称《申请书》）中的立项目标、申报依据、工作安排及进度，按时编写出高质量的教材；（2）规划教材编著者所在单位应履行《申请书》中的学校保证计划实施的主要条件，支持编著者按计划完成书稿编写工作;（3）高等学校土建类专业课程教材与教学资源专家委员会、全国住房和城乡建设职业教育教学指导委员会、住房和城乡建设部中等职业教育专业指导委员会应做好规划教材的指导、协调和审稿等工作，保证编写质量;（4）规划教材出版单位应积极配合，做好编辑、出版、发行等工作;（5）规划教材封面和书脊应标注"住房和城乡建设部'十四五'规划教材"字样和统一标识;（6）规划教材应在"十四五"期间完成出版，逾期不能完成的，不再作为《住房和城乡建设领域学科专业"十四五"规划教材》。

住房和城乡建设领域学科专业"十四五"规划教材的特点，一是重点以修订教育部、住房和城乡建设部"十二五""十三五"规划教材为主;二是严格按照专业标准规范要求编写，体现新发展理念;三是系列教材具有明显特点，满足不同层次和类型的学校专业教学要求;四是配备了数字资源，适应现代化教学的要求。规划教材的出版凝聚了作者、主审及编辑的心血，得到了有关院校、出版单位的大力支持，教材建设管理过程有严格保障。希望广大院校及各专业师生在选用、使用过程中，对规划教材的编写、出版质量进行反馈，以促进规划教材建设质量不断提高。

住房和城乡建设部"十四五"规划教材办公室

2021 年 11 月

前言

　　新城市科学是在第四次工业革命一系列颠覆性技术对城市和科学研究方法影响下的一门"新科学"。它既是新的城市科学，即利用新数据、新方法和新技术研究城市；也是新城市的科学，即研究对象是研究受到颠覆性技术影响的城市的规律及内在机理，同时还包括二者支持下对未来城市空间的主动创造。

　　本教材在此框架下分为四篇共 10 章，第一篇介绍新城市科学的概况，包括其理论发展的过程、相关领域和研究进展，以及历次工业革命对城市产生的影响，帮助读者从历史中理解城市变革的内在原因，理解这门（新）城市科学的产生与发展；第二篇介绍"新的城市科学"，重点关注第四次工业革命下研究城市的新数据、新技术和新方法，并展示相关内容的最新研究进展；第三篇介绍"新城市的科学"，从社会经济生活和物理空间两方面展示近十年来城市的变化，关注新的社会现象和新的城市空间的规律；第四篇介绍"未来城市"，展示未来城市空间原型的推演和面向实施的创造路径。

　　城市仍在颠覆性技术影响下继续变革，新城市科学这门新兴的科学还在不断地演进与发展。本教材面向所有关注城市、对城市科学感兴趣的读者，希望与你们共同开启这扇大门！

目录

第 2 篇
新的城市科学

第 3 篇
新城市的科学

第4篇
未来城市

第1篇　新城市科学导论

本篇将从两个方面介绍新城市科学的总体概论。在理论发展方面，第1章将介绍多学科知识交叉碰撞中，传统城市科学如何逐步发展出新城市科学；在技术驱动方面，第2章将通过回溯前三次工业革命相关技术对城市研究和城市空间的影响，解释技术革新在城市发展中的重要作用和影响路径，以及对城市科学发展的促进；第3章将介绍当下第四次工业革命中的颠覆性技术，并展望其对新城市科学的影响；第4章将介绍新城市科学目前的相关进展、领域、研究机构和教育项目等。

在一系列科技变革中，我们的思维模式与生活的城市本身都受到了颠覆性的影响。随着以计算机技术和多元城市数据为代表的新技术和新数据的发展，建立一门新的城市科学已刻不容缓，新城市科学作为一门跨越社会物理学、网络科学、城市信息学、计算社会科学、城市计算等学科的交叉学科，其兴起将为城市研究和城市规划带来新一轮变革。

第 1 章　新城市科学的起源与发展

　　城市科学的发展经历了从定性到定量，从只关注物理空间到关注物质、社会、经济等全局系统，从自上而下到自下而上，从宏观静态到微观动态的过程。城市本身在随着技术进步而日新月异，我们科学认识城市的方式也在随之不断变化。

　　本章将梳理城市科学发展的脉络，重点介绍对城市科学的建立有重大影响的区位理论、区域科学和复杂科学，并回顾新城市科学的建立过程与国内外相关研究和实践的发展。

 01 宣传片
 02 课件：城市科学与复杂系统

1.1　城市科学

　　"城市科学"是人类建设城市、改造城市和管理城市的实践经验在理论与方法学层面上的系统总结（建筑学名词审定委员会，2014）。国际学界对于城市科学有两种定义：一是"Urban Science"，强调利用观察或测量得到的数据，通过实验和跨学科研究方法理解城市的动态性和复杂性（Kontokosta，2021）；二是"The Science of Cities"，强调推导研究城市形式和功能的数学结构（Batty，2013；Bettencourt and West，2010；Bettencourt，2013），如分形城市理论等。国内，除在《建筑学名词》中其被解释为规划行动的理论外，"城市科学"均指对于城市自身的研究，是一个学科群的概念，本书所探讨的也基于此定义。本节将介绍经典城市科学理论（包括区位理论、区域科学以及基于均衡系统的城市理论）的发展历程（图 1-1）。

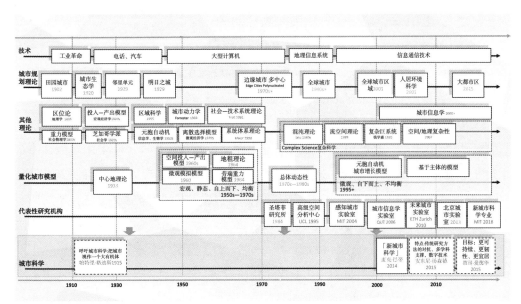

图 1-1　城市科学发展脉络
来源：作者自绘

1.1.1　区位理论：19—20 世纪

传统上，城市被认为是物理空间与场所的集合。城市的空间位置及规模分布一直是城市科学中的重要问题之一，对其的定量研究最先在地理学中产生，如冯·杜能（Von Thünen）的农业区位论和阿尔弗雷德·韦伯（Alfred Weber）的工业区位论。

（1）农业区位论

德国经济学家冯·杜能最早研究了农业区位问题，即杜能环（Thünen Ring）模型（图 1-2）。19 世纪初的德国正处在资本主义上升阶段，以每个城市为中心形成了一

个个封闭的经济区，就像多个孤立国。在农业开始
向资本主义商品农业发展过程中，冯·杜能基于自
己的观察经验提出了农业区位论，他运用抽象演绎
的分析方法，假设在一个城市为中心的均质区域中，
农业生产要素的布局由地租决定，而地租的决定因
素包括生产成本、农产品价格和运费，在前两者既
定的条件下，农业生产空间的合理布局取决于农产
品生产地与消费中心距离的远近（李炯光，2004）。

图 1-2　杜能环模型示意
来源：根据（Dinc，2015）改绘

　　杜能在 1826 年出版了《孤立国同农业和国
民经济的关系》（*The Relationship between the
Isolated State and the Agriculture and the National Economy*）并详细阐述了以上观点，
这本著作也被视为西方区位理论诞生的标志。

（2）工业区位论

　　19 世纪后半期，是自由资本主义上升时期，工业布局出现了集中化趋势，加上
运输业的发展，工业布局受自然条件的制约减少。面对统一的市场和平等的竞争场所，
"企业处于什么位置能降低生产成本"这一问题，引起诸多经济学家的关注，于是他们
对工业区位的条件进行了探索（张文忠等，1992）。韦伯于 1909 年出版了《工业区位
论》（*Theory of the Location of Industries*）一书，对工业区位进行了系统研究和总结。

　　韦伯提出，区位因素就是决定工业空间分布于特定地点的原因，这主要取决于生产
成本降低对工业企业产生的吸引力（李炯光，2004）。他假定了市场的固定位置和两个
原材料所在的位置在地理上形成一个三角形，通过计算将原材料从两个地点运输到生产
地点以及将产品从生产地点运输到市场的总成本，来确定三角形内运输成本最低的生产
地点，而后又加入对劳动力成本的考虑，综合得出最佳选址。

（3）中心地理论

　　20 世纪 30 年代，区位论的研究对象由第一、二产业扩展到第二、三产业乃至整个
城市的布局，关注的也不仅仅是最低成本，还加入了最大利润，既考虑到供给因素又考
虑到需求因素。

　　1933 年，沃尔特·克里斯塔勒（Walter Christaller）在研究德国南部的城市聚落
时，发表了《德国南部的中心地》（*The Central Places in Southern Germany*）一书，并
将中心地这一理论作为解答"城市聚落如何发展变化至最终保持一定间距的空间布局"

的关键。该理论由中心性、阈值和范围等概念组成：中心性是对特定地点的吸引力；阈值是使新公司、服务提供商或城市存在并保持正常运行所需的最小市场；而范围是人们购买这些服务或商品的平均最小距离。他通过演绎法提出城市聚落分布呈三角形，而市场范围呈六边形的空间组织结构，提出中心地的规模等级、职能和人口关系（图 1-3）。

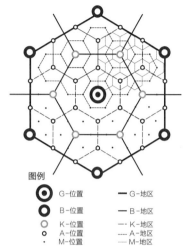

图例

◉ G-位置	━ G-地区
◎ B-位置	━ B-地区
○ K-位置	— K-地区
○ A-位置	···· A-地区
· M-位置	---- M-地区

图 1-3 中心地理论
来源：MICHEL B，2016

1940 年，经济学家奥古斯特·廖什（August Lösch）出版了《经济区位论》（*Spatial Organization of the Economy*）一书，考虑了整个工业和城市区位的问题，将成本和收益综合考虑总结出最大利润原则，探讨了更多条件下，六边形市场的区位选择和空间组合，并发现"在某几个扇面区域内，城市聚落将更加密集分布"的"廖什景观"（Lösch Landscape）现象。

（4）地租理论

1964 年，美国经济学家威廉·阿隆索（William Alonso）在针对农业区位问题的杜能环的基础上继续深入研究了城市地租与距城市中心的距离之间的关系，并出版了《区位与土地利用》（*Location and Land Use*）一书。他认为不同的土地利用方式具有不同的需求，商业需要更多的客流量和更广泛的市场，因此商业乐意支付更高的地租从而居于市中心的位置，而后是工业，最后为居住功能（图 1-4）。

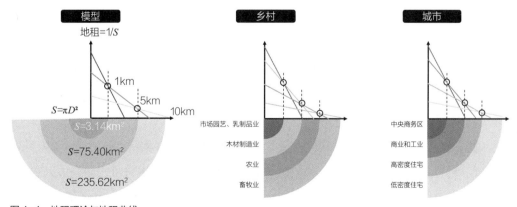

图 1-4 地租理论与地租曲线
来源：根据（Rodrigue，2020）改绘

（5）区位理论小结

受限于时代发展水平，20 世纪中期前的区位理论以微观静态的均衡理论为基础，将城市视为节点和腹地，城市和周边地区的关系是静态和平衡不变的。在今天看来，这一系列理论有诸多的不足之处，但在当时，它们为城市研究提供了新的视角、注入了新的活力，超越了过去以描述个案为主的城市研究模式，试图对总体规律进行把握，而这也为后续城市科学的进一步发展奠定了重要基础。

1.1.2　区域科学：20 世纪中叶

第二次世界大战后，区位论进入现代区位论阶段，以区域经济为研究对象，力求解决各种现实的社会问题。1956 年，沃尔特·艾萨德（Walter Isard）的重要著作《区位与空间经济学》（*Location and Space-Economy*），承袭了杜能、韦伯、克里斯塔勒、廖什等人的衣钵，融合经济地理学、空间经济学、区位论，建立了以实证主义、理论推演为基础的新的学科——区域科学（Regional Science）。区域科学是涵盖经济、地理、社会、政治等学科的综合学科，主要对空间维度的城市、农村、区域等进行分析研究，是一门以区域为研究对象、具有广泛横向联系、综合程度高的新兴科学。

1.1.3　基于均衡系统的城市理论：20 世纪后期

区域科学之后，定量城市研究进入一个高潮，此时西方城市发展面临着两大趋势：一方面，汽车快速发展导致郊区化（Suburbanization）的现象开始出现；另一方面，大型计算机的应用给城市模型带来了新的生机。

在这样的社会和技术背景下，城市研究者也希望通过基于计算机的管理、规划和决策方法来探索城市。城市被定义为相互作用的实体的集合，通常处于平衡状态，但具有明确的功能，使它们能够通过规划和管理过程进行控制，是一个自上而下的系统（Chadwick，1966）。

均衡系统思想将城市研究从过去只关注物理空间的思想中解放出来，试图将其变为一门有据可循的科学，以静态、均衡、自上而下的模型方法进行城市研究成为主流。1960—1970 年代是其第一次高潮，空间相互作用（Spatial Interaction）模型以及土地与交通相互作用（Land-Use/Transport Interaction，LUTI）模型得到快速发展，并被引入城市规划领域，应用于城市发展政策评估。此后，空间经济学与 LUTI 模型框架的结合又产生了以 MEPLAN 模型（Williams and Echenique，1978）和 TRANUS 模型（De la Barra，1989）为代表的一类空间均衡模型（Spatial Equilibrium Models）。当时的城市模型旨在评估不同城市政策的可能影响，包括城市更新、税收政策、交通建设、基础设施建设、区划政策（Zoning）、住房抵押贷款政策、反歧视政策、就业政策等（Lee Jr，1968），并在高速公路建设、商业选址、住房政策等方面获得了较多的实际应用（Kilbridge et al.，1970）。

但这类静态系统观的建模方法后续受到了社会学和新马克思主义的批判，由于其过分强调自上而下的关系，而忽略了每个城市居民的自发的活动对城市的影响。20 世纪 70 年代中后期，将城市视为静态系统的思想逐渐衰落。

1.2 复杂系统

新城市科学的建立与复杂科学的发展紧密相关。随着学术界关于复杂性的思想变革，城市也逐渐被视作复杂巨系统，城市科学亟需运用更多跨学科的方法和新的理论视角。本节将从复杂科学的发展和其与城市研究的关系两方面来讲述这一新城市科学建立的基础。

1.2.1 复杂科学的发展

有关复杂性的研究始于 20 世纪 80 年代，复杂科学（Complexity Science）领域主要起源于五个主要的科学理论，动力系统理论（Dynamical Systems Theory）、系统科学（Systems Theory）、复杂系统理论（Complex Systems Theory）、控制论（Cybernetics）和人工智能（Artificial Intelligence），涉及多种新的跨学科方法论，被誉为 21 世纪的科学（蒋士会等，2009）。

复杂性科学的主流发展，包括以下几个阶段：

（1）法国哲学家、社会学家埃德加·莫兰（Edgar Morin）是最先把"复杂性研究"作为课题提出来的人，其标志性著作为 1973 年发表的《迷失的范式：人性研究》（*Le Paradigme Perdu : La Nature Humaine*）（Edgar，1973）。莫兰复杂性思想的核心，是他所说的"由噪声产生有序"（Order from Noise）的原则：他认为无序性在有序性因素的配合下，可以实现更高级的有序性，揭示了动态有序现象的本质。

（2）而后，物理化学家伊利亚·普里戈金（Ilya Prigogine）在 1984 年发表的《混乱秩序：人类与自然的新对话》（*Order Out of Chaos*: *Man's New Dialogue With Nature*）（Ilya and Stengers，1984）一书中，首先提出了"复杂性科学"的概念。

（3）遗传算法之父约翰·亨利·霍兰德（John H. Holland）的著作《隐藏顺序：适应如何构建复杂性》（*How Adaptation Builds Complexity*）（Holland and Order，1995）和《出现：从混沌到秩序》（*Emergence*: *From Chaos to Order*）（Holland，2000），帮助复杂性科学走向成熟和正规化。

复杂性科学打破传统研究范式的简单还原，强调整体性。它关注的研究对象——复杂系统也区别于传统静态均衡的系统，一般认为，复杂系统的具体特征包括以下三个：

（1）自组织性（Self-Organization）："自组织"与"他组织"相对，区别于被动走向有序、依赖外界特定命令的他组织，自组织无需外界特定指令就能自行组织、自行创生、自行演化，能够自下而上地、自主地从无序走向有序，形成有结构的系统（蒋士会等，2009）。

（2）涌现性（Emergence）：指系统在由各个部分组成后才产生的属性、行为、功能等特性。当整体被拆解为各个部分时，整体所具有的这些特征不能体现在单个的部分上。涌现具有"从无到有"的特征，可为系统增加新的元素，就是"1+1 > 2"。

（3）非线性（Nolinear）："非线性"与"线性"相对，线性也就是可加和性。从相互作用的内在机制看，复杂系统是非线性的，而简单系统是线性的。这也是复杂系统与简单系统最大的区别。

复杂性科学不再将揭示各门具体学科之间的共同形式、共同规律作为自己的追求，而是建立了一个学科群，并为新思维方式的确立奠定了基础。

1.2.2　复杂城市系统

复杂性思想与城市的关系，最早可以追溯到 1915 年，苏格兰生物学家帕特里克·格迪斯（Patrick Geddes）在《进化中的城市》（*Cities in Evolution*）一书中率先提出"城市科学"的概念时，就认为城市是一个有机体，这意味着城市不是一个"大建筑"，而需要在时空的复杂网络中看待（Geddes，1915，P.269）——这正是城市复杂性的思想源头。

19 世纪 60 到 70 年代，西方对此前的城市研究理论和技术方法产生动摇，社会学领域的许多学者认为城市问题无法简化为交通运输、土地开发等技术问题，这些批判和反思体现出新兴的复杂思想理论。

建筑学领域，克里斯托弗·亚历山大（Christopher Alexander）首先在《一种形式语言：城镇，建筑和建造》（A Pattern Language：Towns，Buildings，Construction）中认识到建筑空间的复杂性（Alexander，1977），而后在《城市并非树形》（A City is Not a Tree）一文中指出，规划城镇和城市发展的问题可能与其结构有关：由于系统和子系统的简单树状层次结构（例如新城镇社区及其子中心）思维和做法，使城市被简化后功能失调。他认为，自然生长的城市具有更复杂的结构。

而在城市研究领域，有三个重要的理论推动了城市系统的发展，包括系统体系理论（Systems of Systems）、系统动力学理论（System Dynamics）、社会技术系统理论（Social-Technical Systems）（来源，2022）。系统体系理论中，城市是由"一组独立且异构的子系统（Sub-System）组成，各个子系统具有自己的目的，并通过相互协作来实现共同的目标"（Maier，1998）。系统体系的成功需从全局角度而非各个子系统角度定义，各子系统需要通过交互机制达到整体优化。系统动力学由美国管理学与系统科学家杰·弗瑞斯特（Jay Forrest）在 20 世纪 50 年代创建，解释"复杂系统中的反馈回路机制以及相应的动态行为"（Forrest，1970）。社会技术系统理论则从技术发展及社会影响力的研究角度出发，认为城市是"提供满足既定需求或目标，结合人、产品和生产过程的综合体"（Lightsey，2001）。

在网络科学和空间复杂性等理论发展中，城市的复杂性逐步被正视。曼纽·卡斯特尔（Manuel Castells）在流空间理论中，将城市空间从区位论中"位置的空间"（Space of Place）变成"流的空间"（Space of Flows）（Castells，1985）；麦克·巴蒂（Michael Batty）在弗瑞斯特理论（Forrest，1970）基础上拓展城市动力学概念，用模型解释了复杂性理论背景下的无数过程和元素如何结合成一个有机整体（Batty，2007）。

圣塔菲研究所的杰弗里·韦斯特（Geoffrey West）在复杂性科学的研究框架下进行了一系列工作。从 1997 年开始提出"规模法则"的文章《生物学中所有度量尺度定律起源的总体模型》（A General Model for the Origin of All Ometric Scaling Laws in Biology）（West et al.，1997），到他于 2017 年出版的著作《规模：复杂世界的简单法则》(*Scale: The Universal Laws of Growth, Innovation, Sustainability, and the Pace of Life in Organisms, Cities, Economies, and Companies*)更是畅销全球,城市的复杂性研究也因此得到了更广泛的关注(West,2018)。

　　城市的复杂性在于:首先,城市的整体属性是涌现的,而不是各部分(交通、绿地、产业等分系统)的简单总和(Anderson,1972)。其次,城市的各部分的属性也在随系统的总大小而变化。当将一个复杂的系统划分为多个部分(例如城市中的人或地点)时,每个部分的属性不仅不同,而且还取决于它们所属的系统的大小(Bettencourt et al.,2013)。只有当城市的所有组成部分作为一个相互作用的整体聚集在一起时,一个城市作为一个复杂系统才有意义。

　　理论方面,复杂性科学和跨学科的知识体系在不断建构。而技术上,从20世纪90年代开始,伴随着计算机软硬件、人工智能等相关领域发展,以及地理信息系统(Geographical Information System,GIS)的日益成熟,城市动态模型快速发展,出现了元胞自动机(Cellular Automaton,CA)、基于个体建模(Agent-Based Modelling,ABM)等方法,这使计算复杂的、由自下而上行为构成的系统成为可能。现在这些研究仍广泛地应用于城市研究,如 CA 模型划定城市开发边界[①]、ABM 模型进行决策模拟[②]等(图 1-5)。

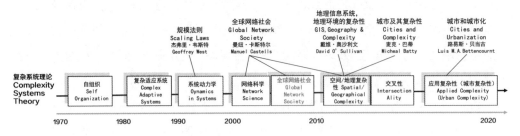

图 1-5　复杂系统理论与城市相关部分发展历程简图
来源:作者自绘

03 课件:新城市科学的提出与相关实践

①　龙瀛,韩昊英,毛其智 . 利用约束性 CA 制定城市增长边界 [J]. 地理学报,2009,64(8):999-1008.

②　马妍,沈振江,王珺玥 . 多智能体模拟在规划师知识构建及空间规划决策支持中的应用——以日本地方城市老年人日护理中心空间战略规划为例 [J]. 现代城市研究,2016(11):28-38.

1.3　新城市科学

1.3.1　新城市科学的提出

　　进入 21 世纪，传感器、智能设备、物联网、云计算、人工智能等技术取得飞速发展，2007 年图灵奖得主吉姆·格雷（Jim Gray）提出"科学的四次范式发展"，认为当下科学研究在技术加持下，已经进入第四次范式，即数据驱动型（图 1-6）。

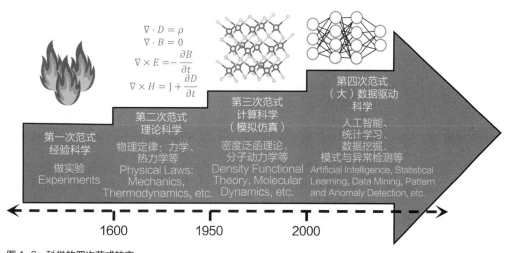

图 1-6　科学的四次范式转变
来源：根据（Schleder，2019）改绘

　　在第四次科技革命和复杂系统的理论构建背景下，英国皇家科学院院士巴蒂出版了著作《城市新科学》（*The New Science of Cities*）。他在书中提到，并非只存在一门关于城市的新科学，而是存在多门这样的科学。称其为"新科学"的原因在于，这门科学所使用的技术和工具是相对较新的。与之相对的"老"的城市科学则是指城市经济学、社会物理学、城市地理学以及与交通相关的理论等，更多的是基于静态的、截面的、系统论的视角，而"新"科学则是基于演进的、复杂科学的视角。从某种意义上说，可以这样描述这门"新科学"——利用了过去 20~25 年内发展起来的新技术和新工具的、基于复杂性理论的城市科学。此外，"新科学"也包含多种其他属性，比如离散性、"自下而上"的思想、演进的视角等。"新科学"的形成也说明，学术界在过去几十年中在城市复杂性研究方面已经取得了相当多的成果（刘伦等，2014）。

在巴蒂提出的"新城市科学"中，城市复杂性理论和网络科学是主要两个研究城市的新视角。特别是"网络"（Network）和"流动"（Flow）的思想尤为关键，这一思想正在改变城市科学对于"场所"（Place）的强调——"区位"并非不重要，但在这门新科学中"网络""流动"以及"动态变化"更为重要。巴蒂所领导的伦敦大学学院的高级空间分析中心（The Centre for Advanced Spatial Analysis，CASA）近年也开展了大量的相应研究，比如城市受到扰动后的短期动态变化，以及将城市静态模型置于城市动态演变的研究框架内模拟城市短期变化。这些模型是分散的、片段式的，它们更偏向于"老"的城市科学，但它们的动态性使它们具备了一定的"新科学"色彩（刘伦等，2014）。

新加坡 - 苏黎世联邦理工学院未来城市实验室（Singapore-ETH Centre Future Cities Laboratory）的前负责人彼得·爱德华（Peter Edwards）于 2016 年提出"新城市科学的目标是使城市更加可持续、更具韧性、更加宜居"（Edwards，2016）。美国学者安东尼·汤森德（Townsend Anthony）认为，新城市科学应该具备三个基本特征：两种传统研究方法的对抗（即探索城市个案的描述性研究方法，与揭示影响城市结构和动态的共同过程的演绎研究方法），多学科理论方法的支撑，以及数字技术的研究与应用（Townsend，2015）。

国内以龙瀛等为代表的一批学者为新城市科学的倡导者。龙瀛认为新城市科学既是新的城市科学，即利用新数据、新方法和新技术研究城市，也是新城市的科学，即研究对象是受到颠覆性技术影响的城市。新城市科学研究可以分为两个层次：第一个层次是通过广泛获取并充分分析城市数据，使人们对所生活的城市拥有更为全面的认知，即研究使用的技术和工具是新的；第二个层次更为深入，也更为重要，即除了对技术本身的利用之外，更应该认识到城市生活方式与空间运行方式已经发生翻天覆地的变化，需研究"新城市"的原理与规律（龙瀛，2019）。

1.3.2　新城市科学研究进展

本节将从上文提到的两个层次以及对未来城市的研究三方面展开新城市科学的国内外研究进展。

（1）新的城市科学方面：龙瀛与沈尧提出数据增强设计（Data Augmented Design，DAD）——定量城市分析为驱动的规划设计方法，通过精确的数据分析、建模、预测等手段，为规划设计的全过程提供调研、分析、方案设计、评价、追踪等支持工具，以数据实证提高设计的科学性，并激发规划设计人员的创造力（龙瀛等，2015）。叶宇认为，在新城市科学所带来的多种新技术和新数据的支持下，当前城市设计所面临的难点逐渐具有了革新的可能（叶宇，2019）。此外，如量化城市形态学的研究（叶宇等，2021），"以律定城，以流定形"下数据驱动的空间规律发掘（吴志强等，2021）等均为新的城市科学在研究层面的探索。在实践层面，数据技术之下的规划设计和城市研究已取得大量成果，如杨俊宴提出全数字化城市设计（All-Digital Urban Design）（杨俊宴，2018），包括利用新数据和技术支持分析空间品质，现状问题识别，数字化设计表达等多个阶段（杨俊宴等，2017）。本书第 5、6 章将对相关的新数据和新技术具体展开讲解。

（2）新城市的科学研究方面：研究关注城市本身的变化，其中既包括社会层面的变化，又包括物质层面新的城市空间现象及规律。在社会层面，包括个体层面——信息与通信技术（Information and Communications Technology，ICT）对个体生活方式的改变（姜玉培等，2018），线上及线下活动之间的关系（Mokhtarian et al.，2006；尹罡等，2018；李春江等，2022）；群体组织层面——网络社会产生的影响（Alizadeh et al.，2018）；产品服务层面——在线化，即时化和智能化（Thilakarathne，2021），以及这些变化产生的正负外部性。在物质层面，包括时空压缩下城市结构的聚集或分散趋势（Qin et al.，2016），各类城市功能空间的变化及其正负外部性，以及空间设计本身产生的变化（Vallicelli，2018）。本书将在第 7、8 章展示这方面最新的相关研究进展。

（3）未来城市研究方面：研究包括未来城市研究的范式与路径的转化与探讨，如武廷海等将未来城市的研究路径总结为四个方面，包括数据实证、未来学、设计实践和技术推广（武廷海等，2020），甄峰等认为未来城市的研究范式应结合大数据的优势走向"人本驱动、数据支撑"（秦萧等，2019），体现出多学科交叉的特点；对未来城市的核心概念的思考（张京祥等，2020）；落实的机制路径（李昊等，2017）；未来城市空间单元（刘泉，2019）以及具体空间场景设想，如无人驾驶技术影响下的未来交通空间构想（Orfeuil et al.，2018）等。

1.3.3　新城市科学相关实践

我国近年来逐渐兴起了一些和新城市科学相关的实践领域，如智慧城市、城市信息模型、城市体检等，正是新城市科学理论和方法的发展，培育了这些领域的推进。

（1）智慧城市

2008 年，IBM 在美国纽约发布的《智慧地球：下一代领导人议程》提出"智慧地球"理念，即把新一代信息技术充分运用于各行业之中。此概念后来受到许多国家的重视与回应，并被纳入发展智慧城市的国家战略之中。2012 年，中国工程院组织起草发布《中国工程科技中长期发展战略研究报告》，将智慧城市列为中国面向 2030 年 30个重大工程科技专项之一，标志着中国进入智慧城市全面建设时代（龙瀛等，2020）。2014 年，国家发展和改革委员会联合多部门颁布《关于促进智慧城市健康发展的指导意见》，将智慧城市定义为"运用物联网、云计算、大数据、空间地理信息等新一代信息技术，促进城市规划、建设、管理和服务智慧化的新理念和新模式"。此后，国内智慧城市建设进入爆发式增长阶段，截至 2019 年，智慧城市相关试点已超过 700 个，其中 94.4% 的省级城市和 71.0% 的地级市均已开展智慧城市顶层设计（中国信息通信研究院产业与规划研究所，2020）。

智慧城市将被应用于城市建设和人们生活中越来越多的方面，能够显著提高城市竞争力、改善人们生活质量。例如：智慧城市可以使公共服务更加便捷，降低生活成本，提供优质的工作机会，创造有吸引力的公共空间，为文化休闲活动提供更多场所。

（2）城市信息模型（CIM）

城市信息模型（City Information Modeling，CIM）的提出，源起于建筑信息模型（Building Information Modeling，BIM），用以实现城市规划、建设、运维管理全链条的信息管理，解决新型智慧城市建设中数据孤岛的困境，以数据驱动城市治理方式的革新。CIM 数据库包括时空基础地理信息，感知监测信息、公共专题数据、业务数据和三维模型等多源异构信息。我国为贯彻落实党中央、国务院关于网络强国、数字中国的战略部署，自 2018 年起，由住房和城乡建设部联合多部委开始持续推进 CIM 工作。2019年 3 月，住房和城乡建设部颁布的《工程建设项目业务协同平台技术标准》（CJJ/T 296—2019）中首次公开提出了 CIM。2021 年 5 月，住房和城乡建设部颁布《城市信息模型（CIM）基础平台技术导则》（修订版），其中 CIM 被定义为："以建筑信息模型（BIM）、地理信息系统（GIS）、物联网（IoT）等技术为基础，整合城市地上地下、室内室外、历史现状未来多维多尺度空间数据和物联感知数据，构建起三维数字空间的城市信息有机综合体"（住房和城乡建设部，2021）。

政府、互联网公司等多主体都在构建 CIM 平台方面开展了多个尺度的尝试。广州、南京、雄安新区、厦门、北京城市副中心、苏州等多个城市和地区开展 CIM

项目落地实践工作。而互联网公司以某里、某讯等为例，均推出一系列 CIM 平台产品应用。

（3）城市体检

自然资源部为加强规划实施的监测评估和预警工作，于 2021 年 6 月发布了《国土空间规划城市体检评估规程》，提出对城市发展阶段特征及国土空间总体规划实施效果定期进行分析和评价，分为年度体检和五年评估。住房和城乡建设部组织开展了"城市体检"试点工作，于 2022 年 7 月发出了《关于开展 2022 年城市体检工作的通知》，要求"在直辖市、计划单列市、省会城市和部分设区城市"综合评价城市发展建设状况、有针对性制定对策措施，优化城市发展目标、补齐城市建设短板、解决"城市病"问题。我国主要城市如北京、广州、深圳、上海等都制定了城市体检框架。如 2018 年开展的北京体检工作，完成了数据收集、平台搭建、框架构建与指标计算等工作，并形成了《2017 年度北京城市体检报告》，在区域专项体检中展开不同方面的实践，如大栅栏片区街区诊断、西城区月坛街道菜市场专项体检等；广州市新一轮城市总体规划年度体检提出了"1 + 4"的年度体检成果体系，除《总体规划实施评估报告》外，也纳入了各区规划实施评估总结报告、专项部门规划实施评估总结报告、白皮书和规划实施评估系统四项内容；长春市城市总体规划提出了"1 + 4 + N"的体检报告体系。此外，上海、深圳、重庆、武汉等城市在搭建智能高效的城市精细化管理平台、利用大数据与信息处理技术、系统监测各项指标的运行状态、推动城市体检的智慧化发展等方面进行了探索与实践（龙瀛等，2019）。

 04 相关文献：龙瀛 2019 景观设计学 _ 新城市科学

 05 相关文献：龙瀛 2019 北京规划建设 _ 收缩城市采访

1.4　本章小结

本章介绍了新城市科学的起源和发展过程，重点介绍了经典城市科学的发展，包括区位论、区域科学和基于均衡系统的城市理论；复杂科学如何推动新城市科学的诞生；新城市科学的提出以及当下新城市科学的研究进展和相应的实践领域。

可以看到，城市科学的发展从不是单一孤立的，其背后的技术、社会经济背景以及其他科学的发展，均对我们认识城市、发现与归纳城市规律起到举足轻重的作用。同时，面对第四次工业革命后更加复杂的城市，多学科融合式的开放研究方法才可能帮助我们尽可能了解更多城市的运行法则，从而拥抱新技术和新城市，理解新城市科学。

▌本章参考文献

[1]　ALEXANDER C. A pattern language: Towns, buildings, construction [M]. Oxford: Oxford university press, 1977.

[2]　ALIZADEH T, FARID R, SARKAR S. Towards understanding the socio-economic patterns of sharing economy in Australia: An investigation of Airbnb listings in Sydney and Melbourne metropolitan regions [M] // Disruptive Urbanism. London: Routledge, 2020: 53-71.

[3]　ANDERSON P W. More is different: Broken symmetry and the nature of the hierarchical structure of science [J]. Science, 1972, 177 (4047): 393-396.

[4]　BATTY M. Big data, smart cities and city planning [J]. Dialogues In Human Geography, 2013, 3 (3): 274-279.

[5]　BATTY M. Cities and complexity: Understanding cities with cellular automata, agent-based models, and fractals [M]. Cambridge: The MIT Press, 2007.

[6]　BATTY M. Inventing future cities [M]. Cambridge: The MIT Press, 2018.

[7]　BETTENCOURT L M, LOBO J, HELBING D, et al. Growth, innovation, scaling, and the pace of life in cities [J]. Proceedings of the National Academy of Sciences, 2007, 104 (17): 7301-7306.

[8]　BETTENCOURT L M. The origins of scaling in cities [J]. Science, 2013, 340 (6139): 1438-1441.

[9]　BETTENCOURT L, LOBO J, YOUN H. The hypothesis of urban scaling: Formalization, implications and challenges [J]. arXiv preprint 2013, 1, arXiv: 1301. 5919.

[10]　BETTENCOURT L, WEST G. A unified theory of urban living [J]. Nature, 2010, 467 (7318): 912-913.

[11]　CASTELLS M. The informational city: information technology, economic restructuring, and the urban-regional process [M]. Oxford: Black-well, 1989.

[12]　CHADWICK G F. A systems view of planning [J]. Journal of the Town Planning Institute, 1966, 52 (5): 184-186.

[13]　DE LA BARRA T. Integrated land use and transport modelling: Decision chains and hierarchies [M]. Cambridge: Cambridge University Press, 1989.

[14]　DINC M. Introduction to regional economic development: Major theories and basic analytical tools [M]. Cheltenham: Edward Elgar Publishing, 2015.

[15]　EDGAR M. Le paradigme perdu: la nature humaine [M]. Paris: Editions du Seuil, 1973.

[16]　EDWARDS P. What is the New Urban Science? [Z]. 2016.

[17]　FORRESTER J W. Systems analysis as a tool for urban planning [J]. IEEE Transactions on Systems Science and Cybernetics, 1970, 6 (4): 258-265.

[18]　FORRESTER J W. Urban dynamics[J]. IMR; Industrial Management Review (pre-1986), 1970, 11 (3): 67.

[19]　GEDDES P. Cities in evolution：an introduction to the town planning movement and to the study of civics [M]. London：Williams，1915.

[20]　GOLDENFELD N，KADANOFF L P. Simple lessons from complexity [J]. Science，1999，284（5411）：87-89.

[21]　HOLLAND J H，ORDER H. How adaptation builds complexity [M]. Massachusetts：Perseus Books，1995.

[22]　HOLLAND J H. Emergence：From chaos to order [M]. Oxford：Oxford University Press，2000.

[23]　ILYA P，STENGERS I. Order out of chaos：man's new dialogue with nature [M]. New York：Bantam，1984.

[24]　KILBRIDGE M D，BLOCK R P，TEPLITZ P V. Urban analysis [R]. 1970.

[25]　KONTOKOSTA C E. Urban informatics in the science and practice of planning [J]. Journal of Planning Education and Research，2021，41（4）：382-395.

[26]　LEE JR D B. Models and Techniques for Urban Planning [R]. Buffalo NY：Cornell Aeronautical Lab Inc，1968.

[27]　LIGHTSEY B. Systems engineering fundamentals [R]. Defense Acquisition Univ Ft Belvoir Va，2001.

[28]　MAIER M W. Architecting principles for systems-of-systems [J]. Systems Engineering：The Journal of the International Council on Systems Engineering，1998，1（4）：267-284.

[29]　MICHEL B. Strukturen Sehen. Über die Karriere eines Hexagons in der quantitativen revolution [J]. Geographica Helvetica，2016，71（4）：303-317.

[30]　MOKHTARIAN P L，SALOMON I，HANDY S L. The impacts of ICT on leisure activities and travel：a conceptual exploration [J]. Transportation，2006，33（3）：263-289.

[31]　ORFEUIL J-P，APEL-MULLER M，祖源源. 自动驾驶与未来城市发展 [J]. 上海城市规划，2018（2）：11-7.

[32]　QIN X，ZHEN F，ZHU S J. Centralisation or decentralisation? Impacts of information channels on residential mobility in the information era [J]. Habitat International，2016，53：360-368.

[33]　RODRIGUE J-P. The geography of transport systems [M]. New York：Routledge，2020.

[34]　SCHLEDER G R，PADILHA A C M，ACOSTA C M，et al. From DFT to machine learning：recent approaches to materials science-a review [J]. Journal of Physics：Materials，2019，2（3）：032001.

[35]　THILAKARATHNE N N. Review on the use of ICT driven solutions towards managing global pandemics [J]. Journal of ICT Research and Applications，2021，14（3）：207-224.

[36]　TOWNSEND A. Cities of data：Examining the new urban science [J]. Public Culture，2015，27（2）：201-212.

[37]　VALLICELLI M. Smart cities and digital workplace culture in the global European context：Amsterdam，London and Paris [J]. City，Culture and Society，2018，12：25-34.

[38]　WEST G B，BROWN J H，ENQUIST B J. A general model for the origin of allometric scaling laws in biology [J]. Science，1997，276（5309）：122-126.

[39]　WEST G. Scale：The universal laws of life，growth，and death in organisms，cities，and companies [M]. London：Penguin，2018.

[40]　WILLIAMS I，ECHENIQUE M. A regional model for commodity and passenger flows [C] //Proceedings of the PTRC Summer Annual Meeting. London：PTRC，Stream F，1978.

[41]　国家发展改革委. 关于促进智慧城市健康发展的指导意见 [R/OL].（2014-08-27）. https：//www.ndrc.gov.cn/xxgk/zcfb/tz/201408/t20140829_964216.html?code=&state=123.

[42]　季珏，汪科，王梓豪，等. 赋能智慧城市建设的城市信息模型（CIM）的内涵及关键技术探究 [J]. 城市发展研究，2021，28（3）：65-69.

[43]　蒋士会，郭少东. 复杂性科学的方法论探微 [J]. 广西师范大学学报（哲学社会科学版），2009，45（3）：33-37.

[44]　姜玉培，甄峰. 信息通信技术对城市居民生活空间的影响及规划策略研究 [J]. 国际城市规划，2018，33（6）：88-93.

[45]　来源. 城市信息与数据科学导论：智慧城市系统构造与应用 [M]. 北京：中国建筑工业出版社，2022.

[46]　李春江，张艳. 日常生活数字化转向的时间地理学应对 [J]. 地理科学进展，2022，41（1）：96-106.

[47]　李昊，王鹏. 新型智慧城市七大发展原则探讨 [J]. 规划师，2017，33（5）：5-13.

[48]　李炯光. 古典区位论：区域经济研究的重要理论基础 [J]. 求索，2004（1）：14-16.

[49]　刘伦，龙瀛，麦克·巴蒂. 城市模型的回顾与展望——访谈麦克·巴蒂之后的新思考 [J]. 城市规划，2014，38（8）：63-70.

[50] 刘泉 . 奇点临近与智慧城市对现代主义规划的挑战 [J]. 城市规划学刊，2019（5）: 42-50.

[51] 龙瀛，沈尧 . 数据增强设计——新数据环境下的规划设计回应与改变 [J]. 上海城市规划，2015（2）: 81-87.

[52] 龙瀛，张昭希，李派，等 . 北京西城区城市区域体检关键技术研究与实践 [J]. 北京规划建设，2019（S2）: 180-188.

[53] 龙瀛，张雨洋，张恩嘉，等 . 中国智慧城市发展现状及未来发展趋势研究 [J]. 当代建筑，2020（12）: 18-22.

[54] 龙瀛 .（新）城市科学：利用新数据，新方法和新技术研究"新"城市 [J]. 景观设计学，2019（2）: 8-21.

[55] 秦萧，甄峰，魏宗财 . 未来城市研究范式探讨——数据驱动亦或人本驱动 [J]. 地理科学，2019，39（1）: 31-40.

[56] 建筑学名词审定委员会 . 建筑学名词 : 2014[M]. 北京 : 科学出版社，2014.

[57] 吴志强，张修宁，鲁斐栋，等 . 技术赋能空间规划 : 走向规律导向的范式 [J]. 规划师，2021，37（19）: 5-10.

[58] 武廷海，宫鹏，郑伊辰，等 . 未来城市研究进展评述 [J]. 城市与区域规划研究，2020，12（2）: 5-27.

[59] 杨俊宴，曹俊 . 动·静·显·隐 : 大数据在城市设计中的四种应用模式 [J]. 城市规划学刊，2017（4）: 39-46.

[60] 杨俊宴 . 全数字化城市设计的理论范式探索 [J]. 国际城市规划，2018，33（1）: 7-21.

[61] 叶宇，黄镕，张灵珠 . 量化城市形态学 : 涌现，概念及城市设计响应 [J]. 时代建筑，2021（1）: 34-43.

[62] 叶宇 . 新城市科学背景下的城市设计新可能 [J]. 西部人居环境学刊，2019，34（1）: 13-21.

[63] 尹罡，甄峰，汤放华，等 . 信息技术影响下的休闲行为：一个概念性分析框架 [J]. 地理与地理信息科学，2018，34（1）: 53-58.

[64] 张京祥，张勤，皇甫佳群，等 . 未来城市及其规划探索的"杭州样本"[J]. 城市规划，2020，44（2）: 77-86.

[65] 张文忠，刘继生 . 关于区位论发展的探讨 [J]. 人文地理，1992，7（3）: 7-13.

[66] 中国信息通信研究院产业与规划研究所 . 智慧城市产业图谱研究报告 [R]. 北京 : 中国信息通信研究院产业与规划研究所，2020.

[67] 住房和城乡建设部 . 城市信息模型（CIM）基础平台技术导则（修订版）[Z]. 北京 : 住房和城乡建设部，2021.

第2章　前三次工业革命与城市科学

纵观城市发展史，科技发展对城市演变产生了重要影响，而其中有代表性的数次工业革命，更是引发了城市空间的巨大变革。在工业革命前数千年的人类文明历程中，于城市中聚居并非普遍现象——直到1800年，全球也仅有约5%的人口居住在城市（谭纵波，2016）。而伴随着第一次工业革命后的城市化现象，这一情况发生了根本改变，大量人口涌入城市，我们当下所熟悉的近现代城市格局，也是在此之后才逐步建立的。随后的两次工业革命，也无不对城市布局、规模、形态、风貌乃至人与城市的共生关系带来质变（图2-1、图2-2）。可以说，近现代城市及城市科学的产生与蓬勃发展，离不开历次工业革命的推动。

本章将详细介绍前三次工业革命的技术变革及其对城市发展与城市理论演变的推动作用，帮助我们理解城市科学发展的历史背景和技术基础。

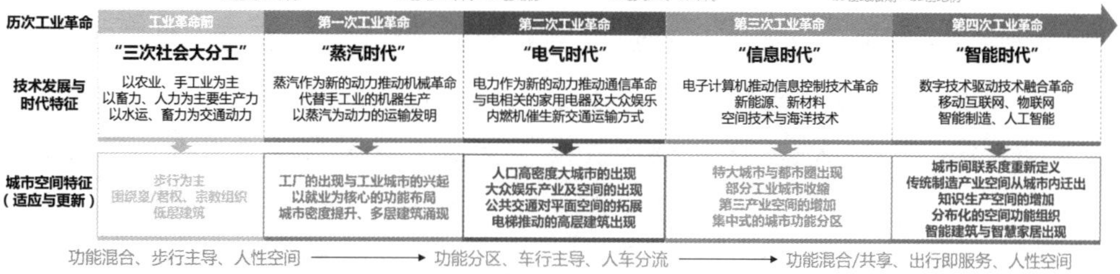

图 2-1　工业革命与城市空间的发展演进
来源：北京城市实验室和腾讯研究院，2022

图 2-2 随科技发展而变化的理想城市模型
来源：北京城市实验室和腾讯研究院，2022

06 课件：前三次工业
革命与城市科学

2.1 第一次工业革命与城市科学

2.1.1 第一次工业革命带来的技术变革

　　第一次工业革命最初发端于英国。15 世纪中叶起，呢绒产品需求激增，作为呢绒原料的羊毛在欧洲市场供不应求，促使养羊业在以羊毛为主要出口商品的英国日益兴盛，间接引发了历时三百余年的圈地运动（姜守明，2000）。在这一过程中，很多农奴被迫离开土地，去工场从事手工劳动，加之纺织制品的需求进一步增加，手工业因此迅猛发展。到了 18 世纪，英国工场的生产已经不能满足市场的需要，手工业领域的技术改革呼之欲出，人们想方设法提高纺织制品产量，促成了机器的发明。

　　1765 年，英国工人詹姆斯·哈格里夫斯（James Hargreaves）发明了"珍妮纺纱机"（Spinning Jenny）（图 2-3），效率提升到了旧式纺车的 8 倍，揭开了第一次工业革命的序幕（夏征农等，2015）。此后，众多生产领域纷纷出现了机器发明与革新，机器生产逐步取代手工劳动，工业生产方式发生质变，生产力水平骤增，工业革命就此开始。

图 2-3　珍妮纺纱机模型
来源：https://www.163.com/dy/article/HQ61QSLC05561CDD.html

图 2-4　瓦特蒸汽机模型
来源：https://laoxiangji.com/product-view-id-13730.html

图 2-5　1830 年利物浦—曼彻斯特铁路——世界上第一条双轨城际客运铁路
来源：http://www.ciudsrc.cn/webdiceng.php?id=116592

　　18 世纪末，英国发明家詹姆斯·瓦特（James Watt）对蒸汽机进行了一系列改良，使之效率大大提升，得以应用于工业生产（夏征农等，2015）。他在 1769 年改进了纽可门蒸汽机（Newcomen Engine），在 1782 年又制成了复动式蒸汽机（图 2-4），并在 1785 年将其作为动力机应用于纺织工业中，工业生产正式迈入"蒸汽时代"。瓦特蒸汽机的出现带来了更高效的能动力，让人力得到了更大的解放，极大地提高了生产力水平，它也因此被视为第一次工业革命的标志。

　　除了纺织业的应用，瓦特蒸汽机还作为重要的动力源，结合在了交通领域的发明中，如 1807 年罗伯特·富尔顿（Robert Fulton）发明的汽船，1830 年乔治·斯蒂芬森（George Stephenson）发明的蒸汽机车，它们也被看作是第一次工业革命的代表性发明。这些新型交通工具的出现，还推动了交通网络的扩张，到 1842 年，英国已修建了 3960km 的人工运河，1855 年时，英国铁路总里程也达到了 12960km（图 2-5），水运、陆运网络逐步形成，为交通运输业的快速发展奠定了基础。

　　机器的发明、高效能动力的获取以及交通运输条件的提升，构成了第一次工业革命最核心的技术变革，它们让工业生产场所不再受动力水源或燃料产地的限制，使大规模、集中式生产成为可能，这种新的生产方式彻底改变了人类迄今为止的聚居形态，引发了城市的巨大变革（谭纵波，2016）。

2.1.2　第一次工业革命对城市发展的影响

第一次工业革命对城市发展的首要影响，就是促使农村人口不断向城市地区集中，形成单向流动的趋势（Galor，2000），引发了"城市化"现象。在工业革命之前，欧洲绝大多数人口生活在农村。一方面，随着工业革命的发展，大规模的工厂纷纷在城市中建立起来，吸收了大量的农村廉价劳动力；另一方面，乡村工业的衰落和圈地运动的持续进行，也使失去土地的农民涌入城市。这一过程中，城市人口飞速增加，城市规模迅速扩大。以伦敦为例，1801 年到 1851 年间人口从约 100 万人增长到约 200 万人，规模翻倍，而曼彻斯特情况则更甚，从 1760 年时的约 1.2 万人迅速膨胀到 19 世纪中叶以后的逾 40 万人，人口增加数十倍。

其次，第一次工业革命引发了城市产业结构和土地利用方式的转变。在技术变革的推动下，城市产业逐步实现工业化转型，传统手工工场不再适应机器制造背景下的市场需求，取而代之的是具有集中、高效优势的工厂。城市周边大量的农业土地被改造、兼并，转化为城市用地，用作工业生产或居住用途，在此过程中，城市开发密度不断提高，城市边界也不断向外蔓延。

另外，第一次工业革命还对城市布局、城市群格局产生了深刻影响。蒸汽动力让交通运输业蓬勃发展，道路、铁路、运河等基础设施网络逐步建立并完善。城市范围不再受材料、能源供应地范围的限制，规模得以大大扩张，人们的出行也不再受步行距离的限制，工业生产、居住、娱乐功能也可以相互分离，形成相对独立的区域。城乡之间、城市与城市之间的距离也被拉近，让物质和信息都能在更大的范围内传递，让城乡和城市间的产业分工成为了可能。在工业革命的发祥地英国，曼彻斯特、利物浦等一批新兴工业城市或港口城市开始出现，并作为产业中心迅速发展起来（谭纵波，2016）。

但与此同时，工业革命和随后的城市化现象也带来了诸多问题。一方面，土地利用方式在缺乏统一规划的情况下迅速发生改变，使这一时期的城市形态发展呈现出分散、无序的特征：中小工厂毫无秩序地插入市区，排出的黑烟和废水肆意污染着空气与水源；城中充斥着背对背的联排住宅，城市空间十分逼仄，但在郊区的则是大量低层独立住宅，对比强烈。这种缺乏人为干预的发展，让城市面貌变得混乱不堪，让城市环境

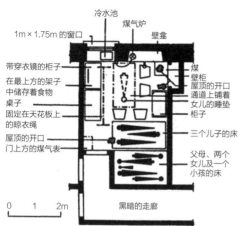

图 2-6　1848 年格拉斯哥一个九口人的家庭
来源：改绘自贝纳沃罗，2000

图 2-7　混乱的街道当作起居室
来源：http://www.360doc.com/content/23/0210/15/63094
776_10 67031061.shtml

变得极端恶劣。另一方面，城市人口的快速膨胀，让住宅和公共基础设施来不及满足市民的最低要求，造成了空间拥挤、环境脏乱、瘟疫横行等次生问题（图 2-6、图 2-7）。这种缺乏规划的扩张，让城市供需严重失衡，对特定阶层（城市劳动者、无业民）乃至全体城市居民的身心健康造成了巨大威胁。

　　为解决这些城市发展问题，城市管理者开始通过立法、行政等手段进行干预，开展了探索性的规划和改造工作，与此同时，一些哲学家、思想家也试图提出理想城市模型，这些尝试为后续城市规划和城市科学的产生和发展奠定了理论基础。

2.1.3　第一次工业革命与城市理论的演进

　　在 19 世纪初，空想社会主义思想家们率先尝试通过描绘理想社会组织结构和理想城市空间图景，构建了理想城市模型，为工业革命后暴露的城市问题提供了顺应发展形势的解决方案。

　　1825 年，英国企业家罗伯特·欧文（Robert Owen）提出了"新协和村"的新型社会模式（图 2-8），它以 1200 人的公社作为基本单元，在住房附近有用机器生产的作坊，村外有耕地及牧场，必需品由本村生产，集中于公共仓库，统一分配。法国哲学家夏尔·傅立叶（Charles Fourier）提出名为"法郎吉"（Phalange）的一种生产与消费相结合的农工协作集团（图 2-9），每个"法郎吉"人数为 1620 人，作为聚居的

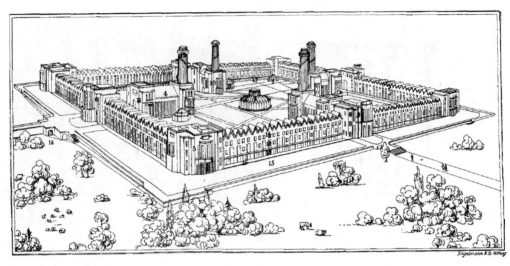

图 2-8　"新协和村"鸟瞰图
来源：Whitwell，1830

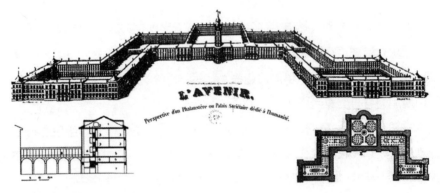

图 2-9　"法郎斯泰尔"图解
来源：https://k.sina.com.cn/article_1644114654_61ff32de02000dnuu.html

基本单位，以名为"法郎斯泰尔"（Phalanstère）的巨型建筑作为空间载体，收入按贡献进行分配（谭纵波，2016）。

空想社会主义的思想在当时引起很大反响，多个国家都对此进行了试验，但这些构想忽略了资本与劳动之间的矛盾，幻想通过阶级融合达到社会幸福和谐，因此脱离了现实的理想城市模型，绝大多数都以失败告终。

同一时期，在北美的欧洲殖民者为了应对交通不发达情况下的工业与人口集中，总结出了"方格形城市"的通用城市模型范式，之后伴随殖民过程继续移植到了各个国家的新兴城市规划中。随着 19 世纪中后期城市规划相关法案的出台，城市规划逐渐成为政府改善城市环境、管理城市的重要手段，并且向着专业化、系统化的方向迈进。

1851 年拿破仑·波拿巴（Napoléon Bonaparte）上台后，任命行政长官乔治尤金·豪斯曼（Georges-Eugène Haussmann）依据征地法和卫生法对巴黎进行改造，主要内容包括大"十"字和两个内环。虽然巴黎改造在处理旧城格局和新建道路之间的关系时过于生硬，但这是首次采用和发展适用于大城市的市政基础设施、对城市肌理和街道立面进行系统性控制的规划方案，对于后来的城市规划理论发展具有极其重要的影响。

受巴黎改建的影响，1857 年维也纳皇帝弗朗茨·约瑟夫一世（Franz Josef I）决定拆除城墙、填平护城河，利用其旧址进行城市改建；1858 年，维也纳环城路改造正式开始。尽管环城路改建没有考虑历史传统，但是环城路改造也没有对城市空间进行大规模破坏，并且通过改建让城市获得了大型的开敞空间。

1859 年，西班牙规划师伊迪芬斯·塞尔达（Ildefons Cerdà）针对巴塞罗那旧城街道空间拥挤狭窄、卫生环境状况恶劣的城市问题，提出了巴塞罗那扩展区规划方案，被后人称为"塞尔达规划"。其方案采用"棋盘型"方格网平面，以实现居民生活条件的平等，每个街区仅围合 2~3 条边界，中心设置公共服务设施，其余作为城市花园，建筑和街区绿化的位置多变，形成了建筑体量与开放空间的多种组合可能，避免了城市肌理的单调重复。"塞尔达规划"是现代城市规划理论的先驱，其网格模式迄今仍为城市规划最常用的模式之一，同时在规则的形态框架中又凸显了充分的可塑性、多样性，为后世的规划理论和实践提供了重要的参考依据。

相比于城市规划理论的初见雏形、理想城市模型的层出不穷，第一次工业革命后至第二次工业革命前的时期，系统的城市科学体系和定量城市模型还尚未出现。但在其他相关领域中出现了基础性的科学理论，例如经济学领域学者提出了农业区位理论和工业区位理论，经济学和社会科学领域学者基于物理学概念引入了引力模型（Carey，1858），虽然它们在当时城市理论中应用较少，但为后续城市与区域科学的发展奠定了基础。

2.2　第二次工业革命与城市科学

2.2.1　第二次工业革命带来的技术变革

19 世纪中叶，随着经济衰退的出现，围绕蒸汽动力化、机械化、工业化的革命性技术发明与应用速度放缓，市场趋于成熟，第一次工业革命进入尾声，但欧美各国的科学家和发明家们仍在孜孜不倦地进行探索，在科学理论和技术原型方面取得了丰硕成果，为之后的新一轮科技发展打下了坚实基础。19 世纪下半叶，很多基础性科技成果都应用于生产，实现了大规模商业化，电力、通信、冶炼、石油、化工、交通、能源动力等各领域的创新成果相互促进，造就了新的技术革命浪潮，带来了社会生产力的再一次飞跃，这一历史进程被称为"第二次工业革命"。

　　电的广泛使用是第二次工业革命最具代表性的成就之一，它以电磁科学和能量守恒定律作为关键理论基础。1800 年，意大利物理学家亚历山德罗·伏特（Alessandro Volta）通过总结电学实验发现，发明了"伏打电堆"（Voltaic Pile，也就是电池的原型），为电学研究提供了电流更强、持续性更久的稳定电源；1820 年，丹麦物理学家汉斯·奥斯特（Hans Ørsted）发现了电流的磁效应；1831 年，英国科学家迈克尔·法拉第（Michael Faraday）在实验中发现了电磁感应现象，并利用其基本原理发明了圆盘式直流发电机（图 2-10），实现了机械能到电能的转化，而这也是现代发电机的"始祖"。

　　在电磁领域的科学理论和技术发明基础上，1866 年，德国发明家维尔纳·冯·西门子（Werner von Siemens）研制了用

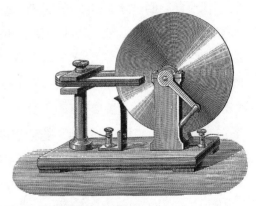

图 2-10　法拉第圆盘发电机
来源：Alglave，1884

于实际军事、生产、交通等用途（相对的是仅在实验室可用）的自激直流发电机，并在 19 世纪 70 年代完成了直流发电机的量产。与此同时，交流发电机、电动机也被制造出来，电能与机械能实现互相转化，生产过程所需的动力设备在蒸汽机后实现了又一次突破。不久后，又出现了集中供电的发电厂，输变电技术也日益完善，输电距离的限制逐渐被打破，使电力广泛地渗透到了人们的生活中。

　　19 世纪末到 20 世纪初，照明、建筑、交通、通信等领域纷纷应用电力进行革新，发明创造层出不穷：美国发明家托马斯·阿尔瓦·爱迪生（Thomas Alva Edison）发明的白炽灯泡改善了室内外照明条件和舒适度，增加了生产市场，也提高了生产效率；电梯的出现让建筑高度的进一步拓展成为可能，也在一定程度上影响了建筑的形态；电车等电气化交通工具极大地提升了城市交通的便利性，也促进了城市规模的发展；电报、电话、电台与收音机组成的通信系统，使世界都能实现更加紧密和畅通的联系，加

速了信息的传递与知识的共享。人类由此迈入"电气时代"。

内燃机的创制和使用，是第二次工业革命的另一个技术标志。18 世纪末 19 世纪初，就有科学家提出将空气与燃料混合燃烧提供动力的概念，并注册了燃气发动机和液体燃料发动机的专利。1833 年，美国 – 英国发明家勒缪尔·威尔曼·莱特（Lemuel Wellman Wright）设计了用燃烧压力推动活塞做功的新型动力装置，为内燃机提供了原型，但仍然没有实用的商业化的实际产品。1860 年，比利时 – 法国发明家艾蒂安·勒努瓦（Étienne Lenoir）模仿蒸汽机结构，设计制造了第一台实用的煤油内燃机。不久，以汽油、柴油为燃料的内燃机也研制成功，其效率远高于蒸汽机，大大提高了工业生产力，也推动了交通领域的革新。人们除了用内燃机替代蒸汽机驱动火车和轮船，还以内燃机为动力源研制了新的交通工具，如 1885 年由德国人戴姆勒（Daimler）和本茨（Benz）各自制成的以汽油内燃机为引擎的三轮汽车、1903 年由美国的莱特兄弟（Wright Brothers）发明的内燃机动力飞机等。

除了电力和内燃机的出现与普及，第二次工业革命还让新兴的化学工业实现了迅猛发展。19 世纪中叶，现代油井、石油提炼技术的出现，让煤油"照亮"了人们的生活，也推动了石油工业的第一次快速发展，而后随着电灯的普及和内燃机的发展，汽油取代煤油成为石油工业支柱，让石油工业焕发了第二春。并且就如煤炭之于第一次工业革命一样，石油同电力一起作为第二次工业革命的主要能源，支撑了各行业的科技革新。同样在 19 世纪中叶，英国发明家亨利·贝塞莫（Henry Bessemer）发明了转炉炼钢工艺，通过用转炉底部吹入的空气氧化去除熔融生铁中多余的碳，将生铁转化为钢，使大规模地制造廉价钢材成为了可能。随后，钢铁被广泛应用于铁路轨道制造，极大提升了铁路运输的稳定性和运载能力。钢还应用在建筑结构中，全新的钢结构体系为建筑形式带来了颠覆性的转变，以钢材为结构材料的大跨度建筑、跨江大桥、摩天大楼相继出现。另外，在 19 世纪至 20 世纪初，科学家们通过探索性试验和系统性理论研究，在有机化学领域获得了重大突破，众多新材料通过交联、聚合反应被人工合成，并很快应用在新的工业产品上，化学肥料、合成染料、合成橡胶、合成塑料从此走进了人们的生活，还间接推动了交通等领域的技术发展，例如合成橡胶制成的轮胎提高了汽车的耐用度和舒适性，助力其成为常用交通工具。

不同于第一次工业革命时技术发明来源于工匠的实践经验，第二次工业革命主要以科学探索所得理论为基础，科学对社会生产力发展起到了根本性的推动作用，自然科学发展与工业生产应用紧密结合，科学理论和工程技术互相促进，各领域的发明相辅相成，深刻地改变乃至颠覆了社会生产方式和民众生活习惯，也让城市格局和城市面貌发生了根本性的转变。

2.2.2　第二次工业革命对城市发展的影响

第二次工业革命中电力的应用给城市带来了巨大影响。微观上，农业电力机械化的实现为城市提供了足够的生活资料和生产原料，使城市化可以顺利地进行，农业人口的减少加速了城市化的进程。由于新建的工厂大多集中于城市这一工业革命主要基地，工业企业数量骤增也促进了城市规模的扩大和数量的增加（樊亢，1973）。总体上，城市化与工业化共同发展，相互促进。

同时，第二次工业革命中交通运输业的发展同样给城市带来了新变化。电气化铁路建设带动了不同城市各工业部门的加速运转，而新工业部门的成立又使城市规模不断扩大。部分城市内部出现了依赖地下隧道或高架桥的城市轨道交通（地铁）、内燃机驱动的机动巴士、电缆供能的有轨 / 无轨电车等新型交通工具，补充了传统铁路运输的不足，构成了更广更宽的运输网络。交通运输事业的巨大发展使城市邮政事业迅猛发展，电话和电报也得到了普及，建立起比较完整的电报系统和电话系统。这些都加强了城市间、城乡间的经济交流和人员往来，加速了城市化进程。

总体上，在第二次工业革命的影响下，全球城市数目增加，规模扩大，出现了拥有高密度人口的大城市。平面上，城市公共交通的发展使得城市内部联系网络密度提高，对城市横向空间进行了拓展；立体上，电梯技术的发展推动了高层建筑的出现，对城市纵向空间进行了拓展；内容上，城市功能也不断发展扩大，许多大中城市既是工业基地又是政治、商业、金融、文化中心，大众娱乐产业在城市中出现，因此，出现了利用铁路等新技术构成的多维城市景观，如将公共建筑布置于铁路车站上方的布局。顺应这一趋势，城市设计出现了城市快速道路上方建设多幢办公商业的双塔建筑的形式，这种多维设计联络道路两侧的步行交通，通过小汽车可以快速地从建筑进入城市交通体系。

顺应城市的变化，发达国家通过不断探索，逐渐形成了新的政策。在城市住宅发展方面，美国是世界上比较早推行社会住宅的国家。1867 年，美国颁布了第一版出租住宅法案（Tenement House Act），后又分别于 1879 年和 1902 年颁布了更为严格的第二版（被称为"旧法"，"Old Law"）和第三版法案（被称为"新法"，"New Law"），这些法规规定了住宅的最低标准，但是政府没有干预的手段。美国政府对住宅的干预出现在第一次世界大战期间，当时，人们才认识到，城市生活与新的技术发展和社会需求不相适应，必须依靠法律和官方手段，对城市结构进行控制和调整。在 20 世纪初，美国提出了城市美化运动（The City Beautiful Movement），其核心在于要做大规划而不做小规划（Make No Small Plans），城市美化运动中城市设计的重点是城市中心，重视大型的纪念建筑群，重视由这些大型建筑群构成的巨型城市空间结构；推行城市美化运动的同时，逐渐重视建设实施这些大规划的城市规划组织机制，重视大型的城市土木工程和城市市政设施。德国于 20 世纪初提出了从市中心向外划分建筑密度的层次，如法兰克福西部提出了建筑区域划分等级的规划，如果有可能，还要求进一步在空间上隔离不同功能用途的地区。

2.2.3　第二次工业革命与城市理论的演进

伴随第二次工业革命带来的城市化进程，对快速发展的城市进行规划变得至关重要，城市研究逐渐从定性转为定量，并开始关注物理空间。如在西方伴随工业化的城市化过程中，针对城市现象（电话、汽车技术的发展）与城市问题（公共健康），出现了大量试图从各个角度解决城市问题或适应城市发展形势的建设理想城市的解决方案，由此形成了众多理论规划与实践讨论（Berry，1964）。此时对于城市科学理论的研究，多停留在物理空间层面，人们普遍认为，更好的城市可以通过更好的物理空间规划（Physical Plans）来实现（谭纵波，2016）。

在城市住宅及居住单元的研究方面，1918 年，彼得·贝伦斯（Peter Behrens）和海因里希·弗里斯（Heinrich Fries）发表了《关于节约型建筑》（*Vom Sparsamen Bauen*）一书，研究了市民住宅的最小形式，理性研究住宅平面，工业化生产，集中公共设施如幼儿园、图书馆等，以新的形式反映新的住宅形态。1919 年，弗里斯提出将周边式住宅改为行列式，两行建筑之间可以建设休闲（20m）和停车用地（40m），南北建筑之间在中午时间可以有日照，并有利于通风，周边可以与道路相连。阿道夫·路斯（Adolf Loos）提出住宅单元的两侧边墙作为承重墙。同时，出现了建筑群与道路交通的关系研究，研究目标主要是节约用地。例如，联排式住宅转为围合式，可以减少道路面积，获得一个公园，而独立式住宅转为行列式住宅，可以压缩绿地，获得停车场和公园。利用建筑的围合，改造城市中心地区，同样成为这一时期城市研究和规划实践的重点。

　　在城市规划方法研究方面，格迪斯以其擅长的生物研究方法研究了人与环境的关系，也即今天所说的人类生态学的研究领域，将规划建立在客观现实的研究基础之上，周密分析地域环境的潜力和限度，以及聚落布局与地方经济的关系，突破了当时的常规范畴，是一次城市科学研究的重大突破（Geddes，1915）。同时，结合社会研究经验，他提出了规划分析的标准程序方法——先调查后规划，即通过对城市的调查，了解其特征和发展趋势，利用调查材料开展分析，根据分析结果提出解决措施，进行规划方案编制。该方法为后世的城市规划程序奠定了基础，其基本步骤可以概括为：调查研究和分析、编制规划、实施规划。

　　在城市规划的专业化方面，从 20 世纪初至第一次世界大战之间，随着城市规划在多个方面的实践，人们普遍对 19 世纪第一次工业革命时期的城市提出批评，并从城市建设工程、城市规划管理、城市住宅改造、城市建筑等不同方面，形成了有意以全面组织城市空间秩序为己任的职业团体，出现了第一批城市规划师的职业团体，出版了城市规划的专业科学研究杂志，在高等学校成立了城市规划专业，从而使得在思想上和组织上形成了健全的城市科学研究与规划的专业团体。1909 年，美国第一届全国城市规划会议（National Conference on City Planning）在首都华盛顿召开（Peterson，2009），此后城市规划学科逐步实现了常态化科研学术交流，并延续至今。

　　在城市未来预测研究方面，城市经济学和社会学的大量研究工作提供了多种调查研究分析方法和成果。在德国，有格奥尔格·西梅尔（Georg Simmel）等有关大城市精神生活的研究、维尔纳·桑巴特（Werner Sombart）有关城市概念和城市组织本质的研究等，是人类第一次对城市本质进行科学研究的重要成果，使得有可能至少局部地预测城市未来，进而建立预测城市空间的框架。

　　在第二次工业革命的背景下，学者提出了相应的理想城市模型。西班牙工程师索里亚·玛塔（Soria Mata）在 1882 年提出了"带形城市"模型，以高速、高运量的交通干道作为轴线代替圈层城市形态，用地布置在设置了有轨电车的干道的两侧。英国规划师埃比尼泽·霍华德（Ebenezer Howard）在 1898 年提出了著名的"田园城市"模型，主张将现代城市就业服务机会丰富和传统乡村环境优美的优点结合起来，形成"城市—乡村"的新型聚居形式（Howard，1898）。具体来讲，田园城市由中央公园和放射状林荫路构成骨架，住宅用地呈同心圆布局，公共建筑设在城市附近、工业用房设于外围，外围环形铁路和城际铁路满足城际交通需求；随着人口规模扩大，若干个田园城市围绕中心城市形成更大规模的城市群。在这一理想模型中，霍华德突出对城市规模的限制，城市周围拥有永久性农业用地防止城市无限扩张，单一城市成长到一定规模时另建新城形成"社会城市"；此外，他还强调设置生产用地，保证大部分居民就近就业（谭纵波，2016）。

田园城市理论在之后的一个世纪对西方国家尤其是英、美的城市规划产生了十分深远的影响，并吸引了一批建筑师将其付诸实践。英国建筑师、规划师雷蒙德·翁温（Raymond Unwin）以实践经验为基础，对田园城市理论进行了发展和修正，提出了"卫星城"模型（图2-11），指

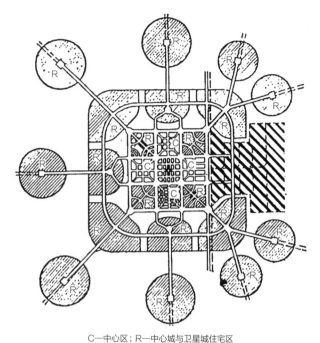

C—中心区；R—中心城与卫星城住宅区

图 2-11　"田园城市"中卫星城环绕中心城的空间格局
来源：吴志强，2010

在大城市附近、受中心城市吸引而发展起来的城镇。田园城市实践中还出现了"田园城郊"的尝试，它不再是独立城市而是郊外居住区，对内部就业平衡设想进行了妥协性的调整，这也形成了"卧城"的开端。

进入 20 世纪后，法国建筑师托尼·戛涅（Tony Garnier）在 1901 年提出了"工业城市"模型，适应城市的大工业发展，把"工业城市"的要素进行了明确的功能划分。法国建筑师勒·柯布西耶（Le Corbusier）在 1933 年提出了"光辉城市"模型，他主张城市拥抱工业时代的新成果，采用立体交叉道路和铁路系统到达城市中心，采用高容积率、低建筑密度的形式，换取大面积的公园绿地等开敞空间，以解决城市拥挤问题。美国建筑师弗兰克·劳埃德·赖特（Frank Lloyd Wright）在 1935 年提出了"广亩城市"模型，面对传统土地利用方式和无限制开发造成的内城环境恶化问题，他提出了与柯布西耶相对立的思想，认为"分散"发展应成为新的城市规划原则，随着通信系统的发展和汽车的普及，人们无需拥挤于城市中心，可以重新回归自然，每户家庭拥有一英亩土地用于种植食物，汽车将作为主要交通工具实现住所和公共设施的连接。

为适应现代城市因机动车交通产生的发展，美国城市规划师、社会学家克拉伦斯·佩里（Clarence Perry）在 1929 年编制纽约区域规划方案时提出了"邻里单元"

的理想城市模型（图 2-12）。其注重居住社区环境，以社区中央小学的服务范围（半径 1/4 英里，约合 400m）作为居住社区的基本单元规模，其中建设的独立式住宅规模对应小学服务人口（约5000 人）。在社区邻里单元中，设有满足居民生活需求的道路系统、公共服务设施、开放空间等：邻里单元被城市干道包围，保证外部可达性，而内部道路仅满足社区内交通载量要求，在保证居民日常活动需求的同时，阻止过境交通穿越社区；社区中央和城市干道交叉口附近布置社区中心和商业设施；社区还提供占总面积 10% 的公园和娱乐空间供居民游憩使用（谭纵波，2016）。

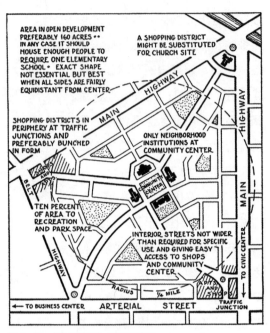

图 2-12　"邻里单元"的空间格局
来源：https://www.kancloud.cn/eeework001/a002/222307

2.3　第三次工业革命与城市科学

2.3.1　第三次工业革命带来的技术变革

第三次工业革命始于 20 世纪中后期，由以美国为首的工业化国家共同酝酿发起（田露露等，2015）。第二次世界大战后，全球各国纷纷致力于战后重建和经济振兴，经济飞速发展、市场需求持续增长，迫切需要新的生产方式和经济体系来满足（Angus，2001）；同时，从 20 世纪中期开始，计算机、通信、航空、海运、原子能等领域快速发展，取得了科学理论与技术上的重大突破，为新一批颠覆性技术成果的涌现打下了基础（Perez，2010）；此外，"二战"后的贸易协定和跨国公司的兴起进一步推动了资本和技术的跨境流动，推进了全球产业分工和经济一体化（Dicken，2007）。在市场需求的刺激、科技基础的支撑和全球化趋势的催化影响下，工业生产迎来了又一轮技术变革。

　　第三次工业革命的核心标志是信息技术的变革，它也因此被称为"信息技术革命"或"数字革命"，而信息技术中最具代表性的技术革新就是电子计算机。1946 年，全球第一台电子管计算机 ENIAC 在美国诞生，彻底颠覆了传统工业计算与设计的工作方法：最初它被设计用于军事用途（高文，2002），其每秒约 5000 次的计算速度，让导弹弹道计算时间从原本手工计算所需的数十个小时缩短到了 30s，也曾在数学、航空、天文、气象等多个领域做出了贡献。1947 年，美国贝尔实验室在对电子管替代品的探索中偶然发明了晶体管原型，随后它迅速被应用到了前沿计算领域。1954 年，第一台晶体管计算机 Tradic 问世，以其为代表的第二代计算机可靠性提升，运算速度提高，性能再次实现飞跃。20 世纪 50 年代末，美国物理学家杰克·基尔比（Jack Kilby）和罗伯特·诺伊斯（Robert Noyce）分别发明了基于锗和硅的集成电路，这是计算机技术的又一里程碑，它使得数千个晶体管被压缩到小小的硅片上，体积和成本都大大缩减。而后，以此为基础的第三代和第四代计算机，于 20 世纪 60 年代和 20 世纪 70 年代相继出现。其中，第四代计算机以微处理器为核心，能将控制器和运算器集成到一块芯片上，比前三代计算机更小型化、低成本、高算力，而且具备可迁移性，不再局限于专业计算任务，使计算机的个人化成为可能，而微处理器的问世也被很多学者视为第三次工业革命的标志（贾根良，2016）。20 世纪 80 年代，IBM、苹果等公司开发了个人电脑（PC），计算机就此逐渐走进千家万户。

　　信息技术革新的另一方面重要成果是通信技术的发展，代表性成果包括网络技术和移动通信技术等。1969 年，美国国防部建立了基于分组交换技术的计算机网络"阿帕网"（ARPANET），实现了远程通信，而这正是互联网的前身。1989 年，英国物理学家蒂姆·伯纳斯－李（Tim Berners-Lee）发明了万维网，让互联网更加普及化，人们可以通过超文本链接和万维网浏览器随时随地访问信息，它与个人电脑相辅相成，广泛实现了全球信息的共享和交流。1973 年，美国工程师马丁·库珀（Martin Cooper）根据贝尔实验室提出的原始移动电话技术原型，发明了第一台商用手机 DynaTAC 8000x，标志着移动通信技术的开端。随后，依靠蜂窝网络和模拟信号传输的第一代移动电话逐渐普及。20 世纪 90 年代，第二代移动通信技术（2G）出现，实现了数字信号的传输和处理，大大提高了通信质量与容量。第三代移动通信技术（3G）于 21 世纪初出现，它主要采用了宽带数字信号传输技术，实现了高速数据传输和移动互联网功能，支持视频通话和众多互联网应用程序，手机也逐渐成为了大众日常生活与工作不可或缺的重要工具。移动互联网和个人电脑、手机等移动终端的广泛普及，让人类正式迈入"数字时代"。

　　除信息技术外，其他领域在第三次工业革命中也有显著发展和突破。首先如新能源技术：1942 年，芝加哥大学建造了世界上首座核反应堆，最初用于原子弹制造，到 20 世纪 50 年代，苏、美、英、法等国开始开发以发电为目的的核反应堆，核能走向了民用化、实用化阶段；1954 年，美国贝尔实验室发明了第一块太阳能电池板，开始了太阳能利用的历程；此外，在 20 世纪后期，氢能、风能、地热能、海洋能、生物质能等众多新能源也都得到了更加大规模的应用和发展，实现了能源的清洁和可再生。其次如空间技术：1957 年，苏联将全球第一颗人造卫星 Sputnik-1 送入了距地面数百千米的近地轨道中，标志着太空时代的开始；1962 年，美国推出了第一颗通信卫星 TELSTAR-1，使人们能更容易和快捷地进行国际通信；另外，依托人造卫星实现的遥感技术可以提供大量的自然环境和人类数据，为环境保护、自然资源管理、城市规划等领域提供了有力支撑。又如海运技术：20 世纪 50 年代，美国企业家马尔科姆·麦克莱恩（Malcom Mclean）提出了海陆联运的现代化集装箱原型；1956 年，集装箱首次被用于海上运输，改变了传统散货运输模式，使货物更快捷安全地运输，显示了巨大优越性，随后逐渐普及；20 世纪 70、80 年代出现了超大型油轮、超大型集装箱船，运输能力大大提高，使全球货运更加高效，进一步催生了全球范围内的现代供应链和全球化贸易。

　　与前两次工业革命相比，第三次工业革命中的颠覆性技术带来了如下突破。首先，借助高性能计算机，信息的处理能力提升了若干数量级，达到了前所未有的高度，使人类从繁重的简单脑力劳动中解放出来，节约了生产成本，同时极大提升了智力劳动的质量，有助于扩大生产规模和进一步提高生产效率（贾根良，2016）。其次，在信息控制技术的支持下，生产过程从"机械化""自动化"，过渡到了"智能化"阶段，以数控机床为代表的弹性制造系统（Flexible Manufacturing System）自适应能力更强，支持更加灵活、定制化的生产，且由网络连接的智能化设备可以自我调节优化，降低了维护成本又提高了生产效率和可靠性（张爽，2017）；同时，信息控制技术也让大量物质流被成功虚拟化转化信息流，生产组织环节被不断细分并重新分配，使生产方式从集中化逐步转向社会化，在地域乃至全球范围内实现分工生产。最后，技术革命涉及的领域更加广泛，各领域相辅相成、相互促进，如计算机一定程度上催化了互联网的问世，互联网又促进了个人计算机的普及；并且学科间的交叉还催生了新的技术和应用，创造了新业态，例如手机通信和互联网交叉，形成了移动互联网技术，激发人们利用移动终端访问互联网的使用场景，重塑了人们的社交模式。通过以上方式，第三次工业革命中的技术变革全面地、深刻地改变了人类生活，再次推动了城市的演进。

2.3.2　第三次工业革命对城市发展的影响

第三次工业革命通过计算机的广泛使用促进了城市产业结构的转型升级，使城市向绿色和可持续的方向演变。绿色和可持续观念影响下，低碳生活成为经济社会发展的基本导向和特征，进而有利于建设低碳城市，推进新型城市化。"第三次工业革命"的成果在不断创新低碳技术和理念方面促进效果巨大，并对城市在资源节约集约利用、环境循环健康发展、提升全要素生产效率和绿色经济效能上具有推动作用（王忠宏，2014）。

在第三次工业革命的影响下，城市之间的网络密度提高，城市间相互依存，共同发展，出现了特大城市与都市圈。在体系方面，逐渐形成了综合性城市与专业性城市相结合、大中小城市相结合的城市体系。在功能方面，由于第三次工业革命带来的产业转型，部分传统工业城市开始收缩，而总体上城市的第三产业空间又在不断增加，因此城市功能分区趋向于形成集中式布局。

同时，第三次工业革命带来的产业转型促进了世界各国大城市的产业和人口的疏散，激起了新城建设的浪潮。政策法规上，1946 年英国颁布《新城法》，从国家政策层面指导新城建设。规划方案上，1945 年，英国建筑师帕特里克·阿伯克隆比（Patrick Abercrombie）提出大伦敦规划，采用同心圆布局模式，建设 8 个卫星城，安置伦敦内环疏解的 50 万人口；20 世纪 60 年代，法国制定巴黎区域发展规划，在距离巴黎市区 25~30km 处建设新城，安排住宅、公共服务设施、工作岗位，疏散产业，为巴黎市中心减轻负担，城市与交通优先沿轴线发展，建设区域快速轨道网囊括所有近郊居住区。

在第三次工业革命的影响下，新兴产业带来了新的产业园区，日本于 1961 年提出建立筑波科学城的设想，筑波科学城的产业和公司均由政府规划引进，推动筑波科学城园区产业向高技术产业方向发展。在美国，斯坦福大学开辟工业园，允许高技术公司租用其地作为办公用地，斯坦福工业园逐步成为美国的技术中心，发展成为著名的高新技术产业园区"硅谷"。1956 年，美国北卡罗来纳州（North Carolina）政府牵头成立了科学研究"三角"园区委员会，园区位于州内罗利（Raleigh）、德罕（Durham）和教堂山（Chapel Hill）三个重要城市之间的交接地带，吸引大批新兴行业企业进入，得到了美国联邦政府的重视，赶上了第三次工业革命的潮流，发展成为美国南方重要的高新技术产业园区。产业园区已经成为执行城市产业职能的重要空间形态，在改善城市环境、引领城市创新、促进城市产业结构调整等方面发挥积极的辐射、示范和带动作用，成为城市空间拓展和经济腾飞的助推器。

2.3.3　第三次工业革命与城市理论的演进

经过第三次工业革命的洗礼，城市科学研究已转为以定量为主导。一般系统理论和控制论开始应用于社会科学，计算机的出现与应用使得很多学科转入现代化阶段，城市被正式视为系统，而不再是"艺术作品"（Batty，2013）。在 20 世纪中期的研究中，城市被定义为相互作用的实体的不同集合，通常处于平衡状态，但具有明确的功能，使它们能够通过规划和管理过程进行控制，是一个自上而下的静态系统（Chadwick，1966）。

英国建筑师戈登·卡伦（Gordon Cullen）最早提出了城镇空间的"城镇景观"（Townscape）概念，"城镇景观"是一种使构成城镇景观的建筑物、街道、空间等要素形成视觉序列联系和组织的设计方法。他以人在城镇中的运动，研究城镇空间景观的序列组织；特别关注特定城市空间的形式暗示，如通透、重点，范围界定等，给予行人或观察者的行进序列引导，以及"这里"与"那里"的领域界定。美国规划师埃德蒙·培根（Edmund Bacon）于 1979 年出版了《城市设计》，认为城市设计最重要的是协调的交通系统包括行人和车辆通行。在第三次工业革命时期，出现了新的理想城市模型。例如，英国建筑师柯林·罗（Colin Rowe）在 1978 年提出了"拼贴城市"的理想城市模型，主要内容是把过去与未来统一在现在，使用拼贴的方法把割断的历史重新连接起来。美国规划师安德雷斯·杜安尼（Andrés Duany）和伊丽莎白·普拉特－兹伯格（Elizabeth Plater-Zyberk）夫妇在 1992 年提出了"传统邻里开发"（Traditional Neighborhood Development，TND）的理想城市模型，主要内容是优先考虑公共空间和公共建筑部分，主张设置较密的方格网状道路系统，强调社区的紧凑度。

基于对郊区蔓延的反思，1993 年美国规划师彼得·卡尔索普（Peter Calthorpe）在其所著的《未来美国大都市地区：生态、社区和美国之梦》（*The Next American*

Metropolis-Ecology，Community，and the American Dream）一书中提出了"公共交通导向开发"（Transit-Oriented Development，TOD）的理想城市模型，其背景是 20 世纪 90 年代，美国众多城市经历了以郊区蔓延为主要模式的大规模空间扩展过程，导致城市人口向郊区迁移，土地利用密度降低，城市空间过度分散化，带来内城衰落以及能源和环境等方面的一系列问题。即以公共交通为导向的发展模式，在公共交通站点周边对土地进行高强度开发（Hall，2019）。"公共交通导向开发"基于对小汽车出行方式占据主导地位的城市进行分析研究，这一模式对城市发展产生了深远影响，在全球许多国家和地区的城市建设中得以推广应用，成为现代城市空间规划的重要内容。

07 相关文献：刘伦等 2014 城市规划 _ 城市模型综述

2.4　本章小结

前三次工业革命对于世界的技术变革、城市发展，城市规划理论和城市科学研究的进步具有至关重要的作用。技术发展为城市的进一步发展提供了基础条件，城市科学研究跟随城市出现的新变化而产生新的进步。不同时期的理想城市模型关注人的生活品质和社会运行效率，以解决当时城市问题为出发点，但均受限于所处时期的整体社会生产力和城市经济发展水平。总体上，前三次工业革命和城市科学的发展也为第四次工业革命和新城市科学的产生发展提供了基础。

本章通过梳理不同历史阶段的三次工业革命带来的技术变革对城市发展的影响、对城市研究的推动以及促进理想城市模型演变的内容，使读者更加深入了解前三次工业革命驱动下的城市与城市科学的发展历程。了解这些发展历程，有利于更加深入理解第四次工业革命和新城市科学的内容。

本章参考文献

[1] ALGLAVE É，BOULARD J. The electric light：its history，production，and applications[M]. New York：D. Appleton，1884.

[2] ANGUS M. Development centre studies：The world economy：A millennial perspective[M]. Paris：OECD Publishing，2001.

[3] BATTY M. Building a science of cities[J]. Cities，2012，29：S9-S16.

[4] BATTY M. The new science of cities[M]. Cambridge：MIT Press，2013.

[5] BERRY B J L. Cities as systems within systems of cities[J]. Papers in regional science，1964，13（1）：147-163.

[6] CAREY H C. Principles of social science[M]. Philadelphia：J.B. Lippincott，1858.

[7] CHADWICK G F. A systems view of planning [J]. Journal of the Town Planning Institute，1966，52（5）：184-186.

[8] DICKEN P. Global shift：Mapping the changing contours of the world economy[M]. New York and London：Guilford Press，2007.

[9] GALOR O，WEIL D N. Population，technology and growth：From Malthhusian Stagnation to the Demographic Transition and Beyond[J]. American Economic Review，2000，90（4）：806-828.

[10] GEDDES P. Cities in evolution：An introduction to the town planning movement and to the study of civics[M]. London：Williams，1915.

[11] HALL P，TEWDWR-JONES M. Urban and regional planning [M]. London：Routledge，2019.

[12] Howard E. To-morrow：A peaceful path to real reform [M]. Cambridge：Cambridge University Press，1898.

[13] PETERSON J A. The birth of organized city planning in the United States，1909-1910[J]. Journal of the American Planning Association，2009，75（2）：123-133.

[14] WHITWELL S. Description of an architectural model from a design by Stedman Whitwell, Esq. for a community upon a Principle of United Interests, as advocated by Robert Owen, Esq.[M]. Hurst Chance & Company St. Paul's Church Yard, and Effingham Wilson, Royal Exchange, 1830.

[15] 樊亢. 主要资本主义国家经济简史 [M]. 北京：人民出版社，1973.

[16] 高文. 计算机技术发展的历史、现状与趋势 [J]. 中国科学基金，2002（1）：35-38.

[17] 贾根良. 第三次工业革命与新型工业化道路的新思维——来自演化经济学和经济史的视角 [J]. 中国人民大学学报，2013（2）：43-52.

[18] 贾根良. 第三次工业革命与工业智能化 [J]. 中国社会科学，2016（6）：87-106，206.

[19] 姜守明. 刍议都铎时代的圈地运动 [J]. 湘潭师范学院学报（社会科学版），2000（1）：60-64.

[20] L. 贝纳沃罗. 世界城市史 [M]. 薛钟灵，等译. 北京：科学出版社，2000.

[21] 刘伦，龙瀛，麦克·巴蒂. 城市模型的回顾与展望——访谈麦克·巴蒂之后的新思考 [J]. 城市规划，2014，38（8）：63-70.

[22] 谭纵波. 城市规划 [M]. 北京：清华大学出版社，2016.

[23] 田露露，韩超. 第三次工业革命：历史演进、趋势研判与中国应对 [J]. 经济与管理研究，2015（7）：88-95.

[24] 王忠宏，王孟卓. 第三次工业革命与北京产业发展 [J]. 中国发展观察，2014（12）：75-76.

[25] 吴志强. 城市规划原理 [M]. 4 版. 北京：中国建筑工业出版社，2010.

[26] 夏征农，陈至立，谈敏，等. 大辞海 经济卷 [M]. 上海：上海辞书出版社，2015.

[27] 张爽. 三次工业革命演进过程中的路径依赖研究 [D]. 长春：吉林财经大学，2017.

第3章　第四次工业革命与新城市科学

回顾历次工业革命，可以发现颠覆性技术对城市生活和生产方式的影响，也是对传统物理空间规划的挑战，最终会投影在空间中。城市作为容器，其空间形式具有很强的弹性与适应性，因而相比于技术迭代具有滞后性及适应性。新旧空间融合的拼贴城市在历史上的每个时刻都存在着（北京城市实验室和腾讯研究院，2022）。近年来，依赖于计算机与通信融合的第四次工业革命正以一系列颠覆性技术，如人工智能、大数据与云计算、移动互联网等，在进一步改变着我们的城市。

本章将归纳总结各国围绕第四次工业革命提出的发展战略，并介绍第四次工业革命背景下出现的一系列颠覆性技术及其促进城市科学研究的三个基本路径。

08　课件：第四次工业革命与新城市科学

3.1　第四次工业革命下各国发展战略

世界各国提出了一系列战略和具体政策以抓住第四次工业革命带来的机遇，具体包括：德国"工业4.0"战略、美国"工业互联网"战略、日本"社会 5.0"战略、"中国制造 2025"战略、中国"智慧社会"战略以及中国"新基建"战略等。

3.1.1   德国"工业 4.0"战略

2013 年，德国信息技术、电信与新媒体协会（Bundesverband Informationswirtschaft, Telekommunikation und neue Medien, BITKOM）、德国机械设备制造业联合会（Verband Deutscher Maschinen- und Anlagenbau, VDMA）以及德国电气电子工业联合会（Die Elektro- und Digitalindustrie, ZVEI）发布《保障德国制造业的未来：关于实施"工业 4.0"战略的建议》（*Securing the Future of German Manufacturing Industry: Recommendations for Implementing the Strategic Initiative INDUSTRIE 4.0*）报告（Evans and Annunziata, 2012），正式提出"工业 4.0"，并推出相关平台。此后，"工业 4.0"作为德国政府确定的面向未来的十大项目之一不断发展。

作为德国教育与研究部（Ministry of Education and Research, BMBF）和经济事务与能源部（Ministry for Economic Affairs and Energy, BMWI）的一项国家战略举措，"工业 4.0"的创建旨在通过产品、价值链和业务的全面数字化和互联来推动数字制造发展。自动化、信息物理系统（Cyber-Physical Systems, CPS）、物联网（Internet of Things, IoT）、具有可持续性的计算机控制以及云计算是实施"工业 4.0"的主要渠道。工业 4.0 平台（Plattform Industrie 4.0）极大地促进了中小企业的发展，截至 2022 年，该平台已拥有来自 150 多家公司、协会和工会的 350 多名利益相关者。此外，德国还利用其丰富的大学和研究机构来推动"工业 4.0"创新，如弗劳恩霍夫研究所（The Fraunhofer Institute）和德国最大的技术大学亚琛工业大学（RWTH Aachen University），该大学设有欧洲 4.0 转型中心（The European 4.0 Transformation Center）和工业 4.0 成熟度中心（Industry 4.0 Maturity Center）。

3.1.2   美国"工业互联网"战略

2012 年，美国通用电气（General Electric, GE）在《工业互联网：打破智慧与机器的边界》（*Industrial Internet: Pushing the Boundaries of Minds and Machines*）

白皮书中提出"工业互联网"的概念。2014 年 3 月底，GE 联合美国电话电报公司
（American Telephone & Telegraph，AT&T）、思科（Cisco）等企业成立工业互联
网联盟（Industrial Internet Consortium，IIC），旨在联合企业、技术创新者、学界以
及政府，共同促进和协调工业互联网的支持技术。2021 年，IIC 更名为工业物联网联盟
（Industry IoT Consortium），其主旨变更为通过加速采用物联网，为行业、组织和社
会提供变革性的商业价值，帮助成员获得最佳的物联网投资回报。

　　GE 指出，工业互联网革命是工业革命和互联网革命的融合及延续。工业互联网
包括智能设备、智能系统以及智能决策三个部分，将多个机器互联成为一个系统，并
对其进行实时监控，通过数据采集及高效的数据处理，促进机器的智能化转型并提
高生产效率（Evans et al.，2012）。因此，工业互联网可以被视为实体世界与数字
世界的紧密结合，即全球工业系统与高级计算、分析、感应技术以及互联网的连接
融合。

3.1.3　日本"社会 5.0"战略

　　2016 年，"社会 5.0"（Society 5.0）概念在《第五期科学技术基本计划》（*Report
on The 5th Science and Technology Basic Plan*）中被首次提出。作为狩猎社会（社
会 1.0）、农业社会（社会 2.0）、工业社会（社会 3.0）、信息社会（社会 4.0）的延
续，"社会 5.0"旨在通过高度融合的网络空间和物理空间，在发展经济的同时解决社
会课题，实现以人为本的社会。2018 年 6 月，《日本制造业白皮书》（*White Paper on
Manufacturing Industries in Japan*）发布，"互联工业"作为"社会 5.0"在制造业中
的具体表征被提出，聚焦自动驾驶、机器人、生物技术、智慧生活等领域。

　　相比传统"信息社会"中通过网络收集信息并进行人工分析的做法，"社会 5.0"
中，人、物、系统都在网络空间中相互连接，来自物理空间传感器的大量信息在网络
空间中积累，并通过人工智能（Artificial Intelligence，AI）进行分析，分析结果以
多种形式反馈到物理空间。具体而言，在制造方面，目标通过 AI 分析与技术强化解
决多样化需求。在生产现场，利用机器人和 AI 技术提高生产效率；在物流运输方面，
优化配送，缩短最短距离，提升运输效率，为顾客提供最合适的价格以满足他们的
需求。

3.1.4 中国制造 2025 战略

2015 年 5 月 19 日，国务院发布《中国制造 2025》战略文件，新一代信息技术产业、高档数控机床和机器人、航空航天装备、海洋工程装备及高技术船舶、先进轨道交通装备、节能与新能源汽车、电力装备、农机装备、新材料、生物医药及高性能医疗器械被确定为重点发展的十个领域。同年，工业和信息化部等印发《国家智能制造标准体系建设指南（2015 年版）》，并在指南中提出了包括生命周期、系统层级以及智能特征三大维度的智能制造系统架构。在 2018 年和 2021 年，该指南完成了两次修订。

2016 年 2 月，工业互联网产业联盟成立。同年 8 月，《工业互联网体系架构（版本 1.0）》发布，旨在实现生产过程及决策的智能分析与优化。2020 年，《工业互联网总体系架构（2.0 版）》发布（余晓晖，2019）。2022 年 10 月，《工业互联网总体网络架构》（GB/T 42021-2022）发布，是我国第一个工业互联网领域的国家标准，该标准对工厂内外的网络架构提出相关要求，并搭建了网络实施的框架，对推进我国工业互联网的规范化、高质量建设具有重要意义，也进一步加快了我国的产业数字化转型。此外，我国还颁布《企业应用水平与绩效评价》（GB/T 41870-2022）以及《工业互联网平台应用实施指南 第 1 部分：总则》（GB/T 23031.1-2022），进一步明确了工业互联网评价及应用的相关要求。

3.1.5 中国"智慧社会"战略

2017 年，中国共产党第十九次全国代表大会报告首次提及"智慧社会"概念并将其写进国家战略，智慧社会被视为我国现代化征程和伟大复兴的宏伟蓝图战略部署的重大目标之一。报告同时强调创新是发展的第一动力，要加强前瞻性基础研究以及多项技术的创新，以支撑"智慧社会"的建设，从而建设创新型国家。在《中华人民共和国国民经济和社会发展第十四个五年规划和 2035 年远景目标纲要》及中国共产党第二十次全国代表大会报告中，"智慧"及"智能"的概念也被多次强调，人工智能等技术已成为我国经济发展和社会进步的主要驱动力（孙占利等，2021）。

在"智慧社会"战略的指导下，中央和地方政府都相继出台相关规划，以促进科技强国和创新型国家的建设。与此同时，我国物联网、大数据等技术飞速发展，共享经济、数字支付等创新平台也在国际国内产生了巨大的影响力。此外，各省市也相继建设"智慧城市"，旨在抓住工业革命的新机遇，为居民带来更安全、便捷、智能及活力的城市生活。例如，杭州的"城市大脑"，旨在建设数字系统治理城市，涉及政务、交通、医疗、公共安全等多个方面，极大提高了居民生活的便利性，展现出智慧社会的独特魅力。

3.1.6　中国"新基建"战略

近年来，为顺应新一轮工业革命和产业变革发展趋势，中国提出加快新型基础设施（以下简称"新基建"）建设并作出一系列决策部署。2015 年 7 月，《国务院关于积极推进"互联网 +"行动的指导意见》中首次提及"新基建"，《2019 年国务院政府工作报告》也强调了新基建的重要性。此后，新基建在多次国家会议中被反复提及。2020年 4 月，国家发展和改革委员会（以下简称"国家发改委"）将其定义为：以新发展理念为引领，以技术创新为驱动，以信息网络为基础，面向高质量发展需要，提供数字转型、智能升级、融合创新等服务的基础设施体系。

2022 年 7 月，《"十四五"全国城市基础设施建设规划》发布，该规划提出在"十四五"期间将加快新基建的建设，推进城市基础设施的数字化、智慧化建设与改造，建设集成互联、安全高效的信息基础设施，加快建设"千兆城市"，构建新型城市基础设施智能化建设标准体系，进一步推动城市智慧化转型。同时强调了建设现代化基础设施体系对更好地推进以人为核心的城镇化，畅通国内大循环、促进国内国际双循环的重要性，并提出以建设高质量城市基础设施体系为目标，统筹传统与新型基础设施协调发展，推进城市基础设施体系化建设的重要战略。

3.2　第四次工业革命颠覆性技术

3.2.1　人工智能（Artificial Intelligence，AI）

AI 尚未有统一的官方定义。综合来看，这些定义可被归纳为两类：第一类将 AI 定义为机器的外在行为及其能够实现的功能，第二类则将 AI 定义为一门新学科或新科学。广义而言，任何帮助机器（尤其是计算机）分析、模拟、利用和探索人类思维过程和行为的理论、方法和技术都可以被视为 AI。AI 是研究人类活动的特征，构建一定的智能系统，使计算机完成过去只有人类才能完成的任务，并应用计算机硬件和软件来模拟人类活动的基本理论、方法和技术（Lu，2019）。

随着互联网、大数据、图形处理单元（Graphics Processing Unit，GPU）的发展，AI 技术已经应用到普通人的现实生活中，语音交互、人脸识别等人机交互技术飞速发展。此外，AI 技术也对交通、医疗保健、教育、公共安全、就业、娱乐等多个生活领域产生了深远影响。例如，在交通方面，无人驾驶技术以及常见的交通出行平台都充分利用了 AI 技术，城市向自动驾驶交通的过渡将引发许多重大的城市变化，包括减少道路上的汽车数量，提升远距离通勤的舒适度，这将重塑目前以机动交通为中心的紧凑空间组织模式（Cugurullo，2020）。此外，AI 将降低人类脑力劳动的强度，并辅助人类进行数据分析或事务决策。近年来，机器学习模型、深度学习技术等的普及，使得大范围、高效率地解读城市成为可能，人类对城市的认知进一步提升，为建成环境大规模量化研究提供了新视角。

3.2.2　大数据与云计算

相比传统数据，大数据具有以下特征：大体量（Volume）、时效性（Velocity）、多样性（Variety）、高价值（Value）、准确性（Veracity）（Mayer-Schönberger et al.，2013）。大数据的各个方面都离不开云计算。云计算指使用互联网上不同远程位置的服务器来存储、管理和处理数据，而非在本地服务器或个人计算机上进行（Hosseinian-Far et al.，2018）。随着互联网的快速发展，城市产生的数据量逐渐增大，类型逐渐多元，大数据与云计算也开始被应用在城市研究领域。大数据体现了与传统数据不同的城市，推动了城市研究的转型，常见的被应用于城市研究的数据类型将在本书"第 5 章 新数据环境"中详细介绍。

整体来看，大数据支持的城市研究议题可以概括为以下四类（钮心毅等，2022）。第一类是城市空间结构，如吕永强等使用某博数据及夜光遥感数据，使用两阶段城市中心识别算法识别了城市的主中心与次中心（吕永强等，2022）。第二类是区域空间结构，如张听雨等利用手机信令出行数据，识别了全国都市圈的空间分布格局（张听雨等，2022）。第三类是行为与建成环境，如王波等采集广州市中心城区某博签到数据以及建成环境大数据，对城市活力的时空动态变化进行了可视化（王波等，2022）。第四类是城市治理，如 Sun 等使用遥感数据、POI 兴趣点数据以及人口普查数据等评估了杭州市中心地区的热风险相关的社会经济脆弱性指数，并提出了应对策略（Sun et al.，2022）。

3.2.3　传感网与物联网

传感网即无线传感器网络（Wireless Sensor Network，WSN），是由随机分布的集成有传感器、数据处理单元和通信模块的微小节点通过自组织方式构成的无线网络，借助传感器探测温度、湿度、噪声、光强度、压力、土壤成分、移动物体的大小、速度和方向等。传感网赋予互联网感知现实世界的能力，从而催生了物联网（Gulati et al.，2021）。物联网被称为继计算机、互联网之后世界信息产业发展的第三次浪潮，是第四次工业革命的核心驱动和推动社会绿色、智能、可持续发展的重要引擎（Li et al.，2017）。IoT 可以被定义为：一个开放而全面的智能对象网络，能自动组织、共享信息、数据和资源，并在面对环境变化时做出反应和行动（Madakam et al.，2015）；也可以被视为一个全球网络，允许人与人、人与物和物与物之间的通信（Aggarwal et al.，2012）。

IoT 已被应用到多个领域，包括：工农业、制造业、交通物流、安防以及医疗甚至家居等。以美国迪比克的城市资源物联化管理系统为例，该系统依托 IoT 技术，将城市各项系统数字化并实时连接，以实现城市的智能监测、分析与管理。结合物联网与 AI 的智能家居中枢、智能家居机器人等技术增强了居住空间与人的智能化交互反馈能力。例如通过智能家居中枢构建起居、厨卫、视频、通信、交通等在内的自动智能远程控制能力，促进线上线下服务、信息交流、虚拟与现实间的有机融合，提供全场景智能化、定制化服务，使得居住空间变为以人为本的全场景智能体（北京城市实验室和腾讯研究院，2022）。

3.2.4　混合实境

混合实境技术具体包括三大领域。虚拟现实（Virtual Reality，VR）是指现实世界或其中物体的完整 3D 虚拟表示，包括三个特征：实时渲染、真实空间和真实交互（顾君忠，2018）。增强现实（Augmented Reality，AR）技术是指将现实世界与有关它的数字信息相结合的技术，添加的数字信息层可以是感官的（如声音、视频、图形或触觉），也可以只是基于 GPS（Global Positioning System）等的数据。AR 有多种形式的设备：从使用可穿戴设备和智能眼镜到更常用的智能手机。混合现实（Mixed Reality，MR）是指现实世界与计算机生成的虚拟构造的合并的技术，MR 不仅可以将现实物理世界的各个方面与虚拟环境结合在一起，还将现实与未来的可能结合在一起。换句话说，MR 可以将虚拟物体或角色添加到现实世界的实时视频流中，让使用者体验到新的现实中并不存在的物体或场景（Farshid et al.，2018）。

　　VR、AR、MR 在游戏、影视、制造等方面极大地影响了人们的生活。例如，某歌 APP 推出了 1200 多个博物馆和艺术展览的 VR 导览，游客可以在线上远程参观博物馆。AR 技术可帮助用户在购物时更直观地判断某商品是否适合自己，也可以轻松地通过该软件直观地看到不同的家具放置在家中的效果，从而方便用户选择（Farshid et al.，2018）。此外，VR 等技术也运用到了城市研究领域，相比真实环境，VR 在实验方法上有容易控制和操作的优势。例如，徐磊青等通过让志愿者戴头盔体验 VR 技术虚构建模的城市环境，并测试皮电数据，反映城市环境的疗愈性（徐磊青等，2019）。付而康等以成都市成华区东篱路社区 12 号院为原型，运用虚拟现实技术、生理指标测量和问卷调查相结合的研究逻辑，探索了环境特征对促进居民积极情绪和体力活动两类健康可供性的干预差异（付而康等，2021）。

3.2.5　智能建造

　　智能建造并不是指某一项技术，而是代表了一种新型智能的建造模式，涵盖了从策划、设计、评估、施工、运营和拆除等建筑建造的全过程，使得该过程简洁高效，最终达到建筑品质的提升。近年来，以 3D 打印（3D Printing）、建筑信息模型等为代表的新一代信息技术正在逐步应用到建筑施工行业。

　　3D 打印技术作为一种新型建造方式拓展了建筑的发展，提升了居住空间及其内部设施要素的定制化制造水平，在降低传统建造成本与资源消耗的同时，提升了建造效率。此外，3D 打印技术的发展也为各种异形建筑的建造提供了支持。3D 打印已有多个实践案例。清华大学建筑学院徐卫国教授团队利用"机器人 3D 打印混凝土移动平台"及"混凝土房屋快速建造体系"建成了非洲低收入住宅的样板房。BIM 是目前被广泛认可且应用的智能建造技术，国际标准将其定义为"任何建筑对象的物理和功能特征的共享数字表示，它构成了决策的可靠基础"（Volk et al.，2014）。BIM 实际上是基于 3D 模型的过程，已被用于多项大型建设工程，如我国大兴机场[①]。

3.2.6　机器人及自动化系统

机器人（Robot）是集机械、计算机、传感器、AI 等先进技术于一体的自动化设备，可在无人的情况下通过编程执行任务。国际将机器人分为工业机器人和服务机器人。其中工业机器人被定义为"自动化控制的、可重复编程的多功能机械执行机构，该机构具有三个及以上的关节轴、能够借助编制的程序处理各种工业自动化的应用"。服务机器人包括半自动和全自动机器人，主要从事服务性工作，如农业专用机器人、医疗专用机器人等。我国根据应用领域，在此基础上增加特种机器人的分类[②]。机器人产业是国家长期推动的重点领域之一，《"十四五"机器人产业发展规划》（工信部联规〔2021〕206 号）提出"机器人应面向家庭服务、公共服务、医疗健康、养老助残、特殊环境作业等领域需求"，并强调机器人在城市中应用可有效应对人口老龄化问题，提高生产水平和生活品质，促进经济和社会可持续发展。我们与机器人共同生活工作的场景，将在不远的未来成为常态。

许多国家和地方政府已经开始尝试将机器人技术作为城市发展战略中的重要板块，以提高城市的智慧治理水平：如纽约构建水质机器人监测网络作为城市智能基础设施的一部分；迪拜提出基于机器人技术的交通自动化战略（Golubchikov et al.，2020）；日本在"社会 5.0"中提出城市机器人的应用将有助于建成"以人为本的超智能社会"（周利敏和钟海欣，2019）。大量智慧城市项目中也将机器人纳入未来城市生活的场景，如"编织城市"（Woven City）描绘了使用机器人建造建筑，送货机器人在城市中穿梭的场景；"釜山智慧城市"（Busan Eco Delta Smart City）应用机器人提高市民生活质量，包括提高生活体验、保障弱势群体。机器人给人类的生活带来了巨大便利性的同时，城市空间也随之做出了一定的改变。例如，重庆市首个 AI CITY——"云谷 CLOUD VALLEY"已在建设，在"云谷 CLOUD VALLEY"中，大面积布设传感器，以此指挥园区中的每一台机器人的实时动态。

---

① 中国民航报 . 大兴机场以数字孪生技术构建"有生命"的航站楼 [EB/OL].（2022-05-09）. https：// m.thepaper.cn/baijiahao_19202086.

② 国家市场监督管理总局 . 机器人分类：GB/T 39405-2020[S]. 北京：中国标准出版社，2020.

3.2.7　数字孪生

数字孪生（Digital Twins）是一个物理过程的镜像，与相关过程相连接，通常与实时发生的物理过程的操作完全匹配（Batty，2018）。数字孪生最早被称为"镜像空间模型"，由迈克尔·格里夫斯（Michael Grieves）提出（Grieves，2005），后在文献中被定义为"信息镜像模型"和"数字孪生"（Grieves，2011），即在信息化平台内建立、模拟一个物理实体、流程或者系统。借助数字孪生，可以在信息化平台上了解物理实体的状态，并对物理实体里预定义的接口元件进行控制（刘大同等，2018）。

目前，数字孪生技术已经在不同的系统和行业中使用，例如制造、建筑、医疗保健、航空航天、运输等（Farsi et al.，2020），并出现了数字孪生城市（Digital Twins City）的概念。城市的数字孪生是一个相互连接的数字孪生系统，通过信息基础设施等各种来源的实时数据与城市基础设施、交通网络等的真实状态同步。城市数字孪生可以监测城市环境的现状，快速应对突发事件，评估解决方案的效率，识别城市潜在风险，并依据历史数据对城市未来情况作发展预测（Schrotter et al.，2020）。城市数字孪生正在世界各地实施，其中苏黎世城市数字孪生项目较为领先，作为城市智慧城市战略的重要组成部分，可通过数字空间图像支持城市的决策等（Schrotter et al.，2020）。

3.2.8　其他

除上文提到的技术外，第四次工业革命中出现的颠覆性技术还包括区块链、量子计算、边缘计算、人机交互、自动驾驶、网络安全、清洁能源技术、神经形态芯片、多能互补的分布式能源系统、"光储直柔"的能源互联网、智慧水资源管理系统、智慧农业和生态固碳等。

09 课件：科技革命促
进城市科学的三个路径

3.3　第四次工业革命促进城市科学的路径

对于技术的发展将如何影响城市科学，本书将其归纳为三个路径，分别反映出工业革命对城市科学研究的研究方法、理论认知和实践层面的重要意义。

3.3.1　路径一：城市实验室

当前不断涌现的多元、海量、快速更新的城市数据为研究精细时空尺度下的人类行为和空间形态提供了广阔的研究前景，也为城市空间与人类行为活动的相互作用机制研究提供了重要机遇（图 3-1）。特别是那些高频时变的城市数据，如手机信令数据、基于位置服务（Location Based Services，LBS）数据等，提供了一种接近真实城市运行频率的高频视角（沈尧，2019），为城市设计和管理提供了重要基础。在新城市科学的框架下，研究城市的新概念和视角不断出现，城市研究的时间和空间维度得以拓展，基于数据支撑和定量分析的城市研究成果为更新和补充城市理论、提高城市研究的科学性提供了前所未有的机遇，使得以"城市空间"为实验场的研究成为可能。

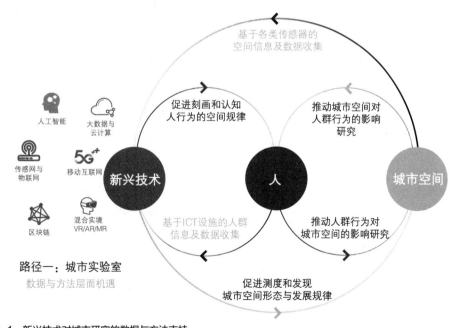

图 3-1　新兴技术对城市研究的数据与方法支持
来源：龙瀛等，2021

（1）基于大数据与开放数据的城市认知

正如《第四种范式：数据密集型科学发现》（*The Fourth Paradigm：Data-Intensive Scientific Discovery*）中所倡导的，基于数据驱动的第四代研究范式将改变我们认识城市的方法和视角。一方面，从研究类型和范围角度，数据的时空精度不断提高，传统的低频城市数据转变为新兴的高频数据，新数据的出现将"以人为本"落到实处，拓展了个体层面的行为活动研究及人本尺度城市形态研究，用以研究的数据量和类型都得以丰富。另一方面，从研究范式转变角度，传统的基于观察、总结和模拟的研究范式也逐渐转为基于数据探索的数据驱动范式。

然而，基于互联网平台的大数据作为人类日常活动的"废气"，具有人群类别和数据采集的有偏性，且不完全满足城市研究尤其是精细尺度城市研究的需求。因此，城市研究不应只局限于这些开放平台或商业平台的数据，有必要针对特定的研究问题，开发基于各类传感器的大范围、低成本、人本尺度的主动城市感知方法（包括移动感知和固定感知方法），收集建成环境、自然环境及社会环境的数据，为城市规划、设计、管理及运营提供基础数据支撑（龙瀛等，2019）（将在本书 6.1 中详细介绍）。

（2）基于互联网平台的自然实验

近年来，在经济学等社会科学领域，自然实验已经开始被广泛开展。城市科学领域也开始呼吁将城市视为实验场，利用各类 ICT 设施对其进行干预、实验和观察。2020 年 11 月，清华大学建筑学院龙瀛团队与世界卫生组织（World Health Organization，WHO）、中国疾病预防控制中心（The Centers for Disease Control and Prevention）和某里巴巴共同启动了"健康传播之减盐创新传播策略研究"项目，旨在以点餐 APP 为实验平台，在沈阳、北京、西安、杭州、长沙、成都、广州 7 个城市分别招募 60 家已入驻餐厅，采用随机对照试验方法，观察不同的减盐干预措施对消费者外卖少盐选择的影响效果。这是城市研究领域第一次与多领域组织和平台共同推进的自然实验项目（Li et al.，2021）。这类实验基于基础理论与假设，开展控制变量实验，旨在提高城市研究的科学性。ICT 在这个过程中起到十分重要的作用，既为实验的开展提供信息传播和服务实践的基础，同时也直接收集相关实验数据及信息，为实验提供监测和分析的大量数据，以及部分实验者的反馈。

无论是基于大数据与开放数据的城市认知，还是基于互联网平台的自然实验都是将城市视为实验室，通过定量研究的方式科学、客观地认知城市，从方法层面推动城市科学的发展。

3.3.2　路径二：新城市

事实上，路径一中所涉及的数据不仅仅起到补充城市研究数据源和升级研究方法的作用，更重要的是反映出城市中个体生活方式的转变，以及随之改变的空间使用方式。因此，路径二强调工业革命对城市本体的影响，即对城市生活和城市空间的影响。图 3-2 展现了受新兴技术影响的城市转型的具体路径。本书用"新城市"一词来描述受移动互联网、人工智能、智能制造、大数据与云计算等新兴技术深刻影响的、展现出新的行为方式和空间组织模式的城市。

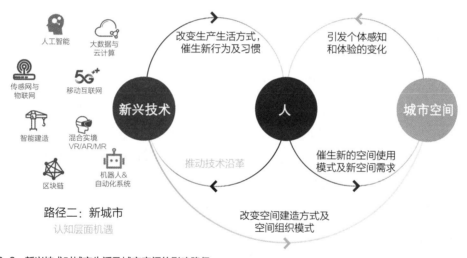

图 3-2　新兴技术对城市生活及城市空间的影响路径
来源：龙瀛等，2021

（1）工业革命对城市生活的影响

正如威廉·米切尔（William Mitchell）在 20 年前所说，农业革命产生了新型的人与土地的关系，工业革命产生了新型的人与机器的关系，而这次涉及全球数字网络的革命，将重塑人与信息的关系（Mitchell et al., 2000）。卡斯特尔（Castells, 1996）在《网络社会的崛起》(*The Rise of the Network Society*)一书中也强调了 ICT 对城市空间的重要意义，认为交通和信息技术是涉及人类生活两个根本向度——时间和空间——关系的主要技术，并由此提出流动空间（The Space of Flows）的概念，认为其是形成社会中支配过程和功能的主要形式，用以强调社会的流动性。巴蒂（Batty, 2013）在此基础上结合网络科学的基本概念和方法，进一步提出人群之间的关系和相互作用才是城市生活的基本原理，因此区位的本质是相互作用的综合体。

如今，在影响城市空间结构的各种技术中，ICT 创新的影响力最强，尽管它们发展的时间不长，但已渗透到我们生活的方方面面（Alias，2013），且影响了不同的城市地区（甄峰等，2002）。在互联网尤其是移动互联网渗透率不断提升的当下，人的个体被数字化，行为由线下转向线上线下融合，人活动的时间碎片化、活动方式和地点多样化和自由化。如今，大多数城市功能也都与 ICT 相关，并受到 ICT 的影响（Yin，2011）。例如灵活办公的形式更加多样，包括远程办公、居家办公、联合办公、郊区办公（办公俱乐部）等形式（Yu et al.，2019）。线上服务类型也更加丰富，如线上购物、教育、娱乐、到家服务 / 外卖等。居民的日常生活已经与数字网络嵌套，正如周榕所言，以物理世界为代表的碳基文明将与具有"虚拟、运算、共享"三大属性的硅基文明长期共存（周榕，2016）。

（2）工业革命对城市空间的影响

回顾过去历次工业革命的发展可以发现，科学技术的发展不仅推动了城市生产生活方式的转变，也带来了城市空间组织形式的变化。尽管正如巴蒂（Batty，2018）所言，城市空间的变化相对于城市生活方式的快速迭代和变化而言更加缓慢，但城市形态也会在潜移默化中受到工业革命的影响而发生改变。一方面，由于人对空间使用的灵活性提升，空间的混合化和碎片化的趋势更加显著（龙瀛，2019）。由于 ICT 本身具有的虚拟性，城市空间呈现出空间分散化、去中心化、无地方性等特征（甄峰等，2015）。另一方面，无人驾驶、智能建造等直接影响城市规模、组织方式和建造方式的技术也将对城市空间产生作用。例如针对无人驾驶对城市空间的模拟分析可以发现，车辆用于家庭和CBD 工作之间的通勤，并且需要用于停车的土地，用于日间出行服务的专用通勤带将出现，白天和夜间停车空间将互补（Zakharenko，2016），无人驾驶汽车有望大大减少日常停车费用和停车空间等（Harper et al.，2018）。

3.3.3　路径三：未来城市

随着 ICT 对城市影响的深入，城市空间设计也开始拥抱这些新兴技术增强空间的感知、反馈与互动（Costa et al.，2016）。新兴技术既可通过虚拟形式实现对社会层面的场所营造，促进人与空间的互动，增强人的空间体验，又可以实体形式植入到物理空间中，增强对空间和该空间中人行为的感知，促进空间自反馈管理。在这个过程中，人与空间的各类信息也通过万物互联实现数字孪生，进一步实现对城市的数字化管理和运营（图 3-3）。传统物理空间层面的规划设计与社会层面的场所营造、公众参与将与数字信息层面的交互设施、管理平台及相关支撑技术相融合。在这个过程中，多主体将参与到未来城市的设计、建造、运营和更新过程中。例如，规划设计者提供创新思维及具体的规划设计方案，并引导设计的实施建造；社区规划师、管理者引导公众参与、营造社区氛围，提供多方协商和讨论的平台；而技术提供商可以在整个设计及实施流程中提供交互设施，相关的支撑技术，并通过管理平台协助设计场地的持续跟踪与运营。此外，一些空间零售商、互联网公司等也有望参与到城市的建设与运营中。

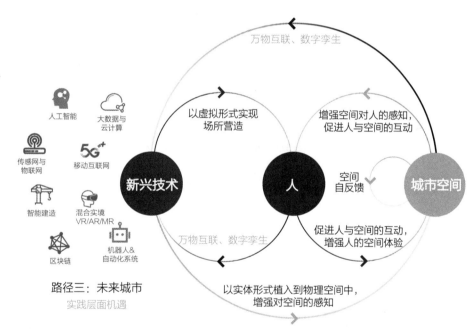

图 3-3　新兴技术在未来城市空间设计、管理与运营的应用潜力
来源：龙瀛等，2021

　　基于以上路径，面向未来的智慧城市不仅包含对现实世界的孪生，还包含虚拟世界与现实世界的互动和增强（图 3-4）。具体来讲，过去的城市是由物理空间及其承载的各类社会经济活动所构成的。随着互联网尤其是移动互联网的发展，网络社会开始崛起，孪生的社会空间逐渐形成。近年来不断涌现的各类传感器及穿戴式设备将为数字孪生提供重要的数据支撑，孪生的物理空间也将形成，进一步实现万物互联。这种互联不

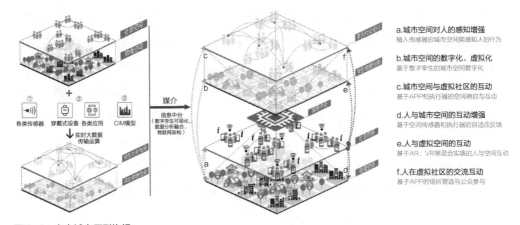

图 3-4　未来城市原型构想
来源：龙瀛等，2021

仅体现在现实世界的人在孕生社会空间中的网络关系，还体现在物理空间中的各类事物在孕生空间中的相互关联。借由信息中台的一系列计算、运营和实施工具，现实世界中的两层空间将与虚拟孕生的空间相互关联，深度互动。

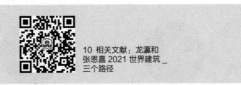

10 相关文献：龙瀛和张恩嘉 2021 世界建筑_三个路径

3.4　本章小结

　　本章简要概述了第四次工业革命的各国战略，梳理了第四次工业革命的颠覆性技术，并从城市实验室、新城市及未来城市三个维度总结出工业革命对城市影响的路径，为新城市科学发展提供新思路。

　　但我们不能只着眼于工业革命对城市发展的积极作用，也要反思其潜在的消极影响。一方面，大数据的发展可能会带来严重的数据隐私问题，数据获取权、使用权和拥有权的问题，以及城市研究数据的存储、管理及规范化等问题。另一方面，人口流动性增强及聚集后的大城市蔓延、小城市收缩及局部空间剩余问题，技术应用及传递过程中带来的空间及人群不平等问题都是不可忽视的城市危机。

11 课后习题

▎本章参考文献

[1] AGGARWAL R, DAS M L. RFID security in the context of "internet of things" [C]//Proceedings of the First International Conference on Security of Internet of Things, 2012: 51-56.

[2] ALIAS N A. ICT development for social and rural connectedness[M]. NewYork: Springer, 2013.

[3] AL-SAI Z A, ABDULLAH R. Big data impacts and challenges: a review[C]//2019 IEEE Jordan International Joint Conference on Electrical Engineering and Information Technology (JEEIT). IEEE, 2019: 150-155.

[4] BATTY M. Digital twins[J]. Environment and Planning B: Urban Analytics and City Science, 2018, 45 (5): 817-820.

[5] BATTY M. Inventing future cities [M]. Cambridge: The MIT Press, 2018.

[6] BATTY M. The new science of cities [M]. Cambridge: The MIT Press, 2013.

[7] CUGURULLO F. Urban artificial intelligence: From automation to autonomy in the smart city[J]. Frontiers in Sustainable Cities, 2020, 2: 38.

[8] CASTELLS M. The rise of the network society[M]. Oxford: Blackwell, 1996.

[9] COSTA C S, MENEZES M. The penetration of Information and communications technologies into public spaces: Some reflections from the project CyberParks-COST TU 1306[J]. urbe. Revista Brasileira de Gestão Urbana, 2016 (8): 332-344.

[10] EVANS P C, Annunziata M. Industrial internet: Pushing the boundaries[J]. General Electric Reports, 2012: 488-508.

[11] FARSHID M, PASCHEN J, ERIKSSON T, et al. Go boldly!: Explore augmented reality (AR), virtual reality (VR), and mixed reality (MR) for business[J]. Business Horizons, 2018, 61 (5): 657-663.

[12] FARSI, MARYAM, et al., Digital twin technologies and smart cities[M]. Berlin/Heidelberg, Germany: Springer, 2020.

[13] GOLUBCHIKOV O, THORNBUSH M. Artificial intelligence and robotics in smart city strategies and planned smart development[J]. Smart Cities, 2020, 3 (4): 1133-1144.

[14] GRIEVES M. Virtually perfect: Driving innovative and lean products through product lifecycle management[M]. Cocoa Beach: Space Coast Press, 2011.

[15] GRIEVES M W. Product lifecycle management: The new paradigm for enterprises[J]. International Journal of Product Development, 2005, 2 (1-2): 71-84.

[16] GULATI K, BODDU R S K, KAPILA D, et al. A review paper on wireless sensor network techniques in Internet of Things (IoT) [J]. Materials Today: Proceedings, 2022 (51): 161-165.

[17] HARPER C D, HENDRICKSON C T, SAMARAS C. Exploring the economic, environmental, and travel implications of changes in parking choices due to driverless vehicles: An agent-based simulation approach[J]. Journal of Urban Planning and Development, 2018, 144 (4): 04018043.

[18] HOSSEINIAN-FAR A，RAMACHANDRAN M，SLACK C L. Emerging trends in cloud computing，big data，fog computing，IoT and smart living[M]//Technology for smart futures. Switzerland: Springer，Cham，2018: 29-40.

[19] IVANOV S，NIKOLSKAYA K，RADCHENKO G，et al. Digital twin of city: Concept overview[C]//2020 Global Smart Industry Conference（GloSIC）. IEEE，2020: 178-186.

[20] LU Y. Artificial intelligence: A survey on evolution，models，applications and future trends[J]. Journal of Management Analytics，2019，6（1）: 1-29.

[21] LI B，CUI Y，SONG C，et al. Testing the effects of nudging for reduced salt intake among online food delivery customers: A research protocol for a randomized controlled trial[J]. medRxiv，2021: 2021-06.

[22] LI G，HOU Y，WU A. Fourth Industrial Revolution: Technological drivers，impacts and coping methods[J]. Chinese Geographical Science，2017，27（4）: 626-637.

[23] MADAKAM S，LAKE V，LAKE V，et al. Internet of Things（IoT）: A literature review[J]. Journal of Computer and Communications，2015，3（5）: 164.

[24] MAYER-SCHÖNBERGER V，CUKIER K. Big data: A revolution that will transform how we live，work，and think[M]. Houghton Mifflin Harcourt，2013.

[25] MITCHELL W J. E-topia: Urban life，Jim - but not as we know it [M]. Cambridge: MIT Press，2000.

[26] SCHROTTER G，HÜRZELER C. The digital twin of the city of Zurich for urban planning[J]. PFG-Journal of Photogrammetry，Remote Sensing and Geoinformation Science，2020，88（1）: 99-112.

[27] SINGH S，SHARMA P K，YOON B，et al. Convergence of blockchain and artificial intelligence in IoT network for the sustainable smart city[J]. Sustainable Cities and Society，2020，63: 102364.

[28] SMART CITY KOREA. Busan eco delta smart city[EB/OL]. （2018-12-26）[2022-08-01] https://smartcity.go.kr/%ED%94%84%EB%A1%9C%EC%A0%9D%ED%8A%B8/%EA%B5%AD%EA%B0%80%EC%8B%9C%EB%B2%94%EB%8F%84%EC%8B%9C/%EB%B6%80%EC%82%B0-%EC%97%90%EC%BD%94%EB%8D%B8%ED%83%80-%EC%8A%A4%EB%A7%88%ED%8A%B8%EC%8B%9C%ED%8B%B0/.

[29] SUN Y，LI Y，MA R，et al. Mapping urban socio-economic vulnerability related to heat risk: A grid-based assessment framework by combing the geospatial big data[J]. Urban Climate，2022，43: 101169.

[30] TOYOTA. TOYOTA woven city [EB/OL].（2020-01-09）[2022-08-01]. https://www.woven-city.global/.

[31] VOLK R，STENGEL J，SCHULTMANN F. Building Information Modeling（BIM）for existing buildings—Literature review and future needs[J]. Automation in Construction，2014，38: 109-127.

[32] YIN L，SHAW S L，YU H. Potential effects of ICT on face-to-face meeting opportunities: A GIS-based time-geographic approach[J]. Journal of Transport Geography，2011，19（3）: 422-433.

[33] YU R，BURKE M，RAAD N. Exploring impact of future flexible working model evolution on urban environment，economy and planning[J]. Journal of Urban Management，2019，8（3）: 447-457.

[34] ZAKHARENKO R. Self-driving cars will change cities[J]. Regional Science and Urban Economics，2016，61: 26-37.

[35] 北京城市实验室，腾讯研究院. WeSpace 2.0·未来城市空间 2.0[R]. 北京: 北京城市实验室，腾讯研究院，2022.

[36] 丁亮，钮心毅，宋小冬. 基于移动定位大数据的城市空间研究进展 [J]. 国际城市规划，2015，30（4）: 53-58.

[37] 付而康，王艺潞，冯进宇，等. 基于 VR 实验的社区居住院落空间健康可供性差异研究 [J]. 西部人居环境学刊，2021，36（5）: 83-90.

[38] 顾君忠. VR，AR 和 MR- 挑战与机遇 [J]. 计算机应用与软件，2018，35（3）: 1-7.

[39] 刘大同，郭凯，王本宽，等. 数字孪生技术综述与展望 [J]. 仪器仪表学报，2018，39（11）: 1-10.

[40] 陆锋，刘康，陈洁. 大数据时代的人类移动性研究 [J]. 地球信息科学学报，2014，16（5）: 665-672.

[41] 龙瀛.（新）城市科学: 利用新数据，新方法和新技术研究"新"城市 [J]. 景观设计学，2019（2）: 8-21.

[42] 龙瀛，张恩嘉. 科技革命促进城市研究与实践的三个路径: 城市实验室、新城市与未来城市 [J]. 世界建筑，2021（3）: 62-65，124.

[43] 龙瀛，张恩嘉. 数据增强设计框架下的智慧规划研究展望 [J]. 城市规划，2019，43（8）: 34-40，52.

[44] 吕永强，于新伟，杨朔，等 . 基于多源地理大数据的城市多中心识别方法 [J/OL]. 自然资源遥感：1-9[2023-03-31]. http://kns.cnki.net/kcms/detail/10.1759.p.20221227.1734.001.html.

[45] 钮心毅，林诗佳 . 城市规划研究中的时空大数据：技术演进、研究议题与前沿趋势 [J]. 城市规划学刊，2022，272（6）：50-57.

[46] 施巍松，张星洲，王一帆，等 . 边缘计算：现状与展望 [J]. 计算机研究与发展，2019，56（1）：69-89.

[47] 孙轩，孙涛 . 基于大数据的城市可视化治理：辅助决策模型与应用 [J]. 公共管理学报，2018，15（2）：120-129，158-159.

[48] 沈尧 . 动态的空间句法——面向高频城市的组构分析框架 [J]. 国际城市规划，2019，34（1）：54-63.

[49] 孙占利，陈欣怡 . 习近平智慧社会法治建设理论论纲 [J]. 法治社会，2021，（6）：1-14.

[50] 任泽平，熊柴，孙婉莹，等 . 中国新基建研究报告 [J]. 发展研究，2020，（4）：4-19.

[51] 王波，雷雅钦，汪成刚，等 . 建成环境对城市活力影响的时空异质性研究：基于大数据的分析 [J]. 地理科学，2022，42（2）：274-283.

[52] 王晶，甄峰 . 信息通信技术对城市碎片化的影响及规划策略研究 [J]. 国际城市规划，2015，（3）：66-71.

[53] 汪玉凯 . 智慧社会倒逼国家治理智慧化 [J]. 中国信息界，2018（1）：34-36.

[54] 王燕鹏，王学昭，陈小莉，等 . 基于科技政策和前沿动态的第四次工业革命关键技术和举措分析 [J]. 情报学报，2022，41（1）：29-37.

[55] 徐磊青，孟若希，黄舒晴，等 . 疗愈导向的街道设计：基于 VR 实验的探索 [J]. 国际城市规划，2019，34（1）：38-45.

[56] 余晓晖，刘默，蒋昕昊，等 . 工业互联网体系架构 2.0[J]. 计算机集成制造系统，2019，25（12）：2983-2996.

[57] 张听雨，吕迪，赵鹏军 . 基于居民出行大数据的我国都市圈识别及其分布格局 [J]. 人文地理，2022，37（6）：171-182.

[58] 甄峰，朱传耿，穆安宏 . 全球化，信息化背景下的新区域城市现象 [J]. 现代城市研究，2002，17（2）：56-60.

[59] 周利敏，钟海欣 . 社会 5.0，超智能社会及未来图景 [J]. 社会科学研究，2019，（6）：1-9.

[60] 周榕 . 硅基文明挑战下的城市因应 [J]. 时代建筑，2016，（4）：42-46.

第4章 新城市科学相关领域、研究机构及教育项目

随着科技的发展和城市变化的加剧，人们对新城市科学的关注与日俱增。全球范围内聚焦这一领域的研究机构如雨后春笋般涌现。国内外多家高等院校开设了与新城市科学相关的教育项目和课程，以培养符合新时代需要的研究人才。本章将介绍关注新城市科学研究的相关学科领域，国内外相关的研究机构以及各院校的相关教育项目及主要课程。

12 课件：新城市科学的相关领域及国际国内主要研究机构

4.1 新城市科学的相关领域

4.1.1 社会物理学

社会物理学（Social Physics）最早是由奥古斯特·孔德（Auguste Comte）在《实证哲学教程》中提出的，倡导用物理学规律研究人类社会（Comte et al.，1855）。现在社会物理学指使用大数据分析和数学定律来理解人群

的行为（George et al.，2014）。这使其成为新城市科学的理论基础之一。社会物理学研究重点是探索广义"流"的存在形式、表现强度、行进速率、演化方向、相互关系、响应程度、反馈特征以及敏感性、稳定性等性质。揭示、解释、模拟、移植和寻求社会行为规律和经济运行规律，从而刻画"自然—社会—经济"复杂巨系统中各主体要素的时空行为和运行轨迹，寻求其内在机制和调控要点。

4.1.2　网络科学

网络科学（Network Science）是专门研究复杂网络系统规律的交叉学科。其将城市描述为各种网络和流构成的系统，集行动、相互作用和转变为一体，且不同属性的网络及与之相关的空间与场所，在数值、尺度和形状等方面都具有一种内在的秩序。因此网络科学为新城市科学中的复杂城市网络的分析和理解提供了基础，成为新城市科学发展中不可缺少的理论支撑。

4.1.3　城市信息学

城市信息学（Urban Informatics）是一门交叉学科，使用基于新兴信息技术的系统理论和方法来理解、管理和设计城市（Shi et al.，2021）。该学科是对城市科学、地球空间信息学和信息学的整合，其中，地球空间信息学提供了现实世界中时空、动态城市对象的测量科技，以及测量所得数据的管理技术；信息学提供了信息处理、信息系统、计算机科学和统计学相关技术，以支持对城市应用的探索；城市科学提供了对城市活动、场所和流动的研究。城市信息学利用先进的数据获取分析和技术对城市结构、功能、演化和规划进行研究，为新城市科学的发展提供理论和技术支持。

4.1.4　计算社会科学

计算社会科学（Computational Social Science）是利用人工智能和计算机模拟等方法来研究社会现象和人类行为的新兴学科。在当下的大数据时代，各种数据库中会留下越来越多的人类活动痕迹，并产生大量与人类行为相关的数据。这些数据为社会研究提供了新的可能。通过对这些数据的分析与探索，可以获得人类行为和社会过程的模式（孟小峰等，2013）。计算社会科学可以从社会大数据收集与分析、建立和验证理论模型等方面支持新城市科学的发展。

4.1.5　城市计算

城市计算（Urban Computing）是计算机科学中以城市为背景，与城市规划、交通、能源、环境、社会学和经济等学科融合的新兴领域。城市计算通过不断获取、整合和分析城市中多种异构大数据来解决城市所面临的环境恶化、能耗增加、交通拥堵和规划落后等挑战的过程（郑宇，2015）。城市计算将无处不在的感知技术、高效的数据管理和分析算法，以及新颖的可视化技术结合，致力于提高人们的生活品质、保护环境和促进城市运转效率。城市计算帮助我们理解各种城市现象的本质，甚至预测城市的未来，可以从技术和方法等方面为新城市科学提供借鉴（Zheng et al.，2014）。

4.2　国内外主要研究机构

目前，全球范围内已涌现多家聚焦于（新）城市科学的研究机构。本节按照机构成立的时间顺序，对当今世界上在新城市科学领域前沿的、影响力较大的代表性研究机构进行介绍，主要包括机构的研究方向、特色项目等（图 4-1）。

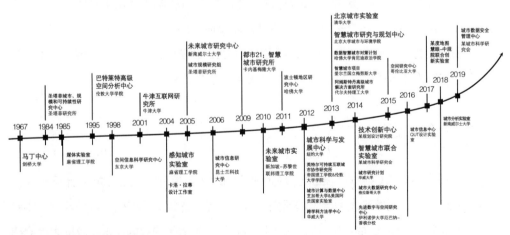

图 4-1　（新）城市科学的代表性研究机构
来源：作者自绘

4.2.1　国际主要研究机构

（1）剑桥大学马丁中心（The Martin Centre）

马丁中心是隶属于剑桥大学建筑系的研究中心，自 1967 年成立以来，马丁中心一直是英国领先的建筑与城市研究单位之一，尤其以其开创性的模型驱动的定量研究而闻名。马丁中心的宗旨是通过跨学科的合作，探索建筑、城市设计和环境问题的理论和实践。马丁中心的项目通常跨越传统的研究界限，包括交通和建筑、可持续发展、数字媒体设计和交流、建筑环境中的风险评估，并一直处于低能耗设计和数字城市建模的前沿。该中心不仅与剑桥大学的其他系保持着紧密的联系，还与英国、欧洲、美国、中国、非洲和中东地区的多个机构开展了广泛的合作（图 4-2）。

图 4-2　剑桥大学马丁中心主页
来源：剑桥大学马丁中心官网

（2）伦敦大学学院巴特莱特高级空间分析中心（The Bartlett Centre for Advanced Spatial Analysis）

巴特莱特高级空间分析中心成立于 1995 年，是一个专门从事空间数据分析和可视化的跨学科研究机构，旨在利用建模、城市环境感知、可视化和计算方面的方法和理念，引领城市科学的发展。它致力于为城市的规划、治理及资源效率问题提供解决方案，使城市成为更好的居住地。该中心的研究聚焦于计算机模型应用、数据可视化技术、创新的传感技术、移动应用和与城市系统相关的城市理论。其研究工作基于复杂性科学、可视化技术、人机交互、网络通信和基于云计算的数据分析等方式开展。高级空间分析中心的许多工作都是以政策和应用为导向（图4-3）。

图4-3　伦敦大学学院巴特莱特高级空间分析中心主页
来源：伦敦大学学院巴特莱特高级空间分析中心官网

（3）麻省理工学院感知城市实验室（Senseable City Lab）

麻省理工学院的感知城市实验室成立于2004年。该实验室认为，随着网络层和数字信息覆盖城市空间，研究建成环境的新方法正在出现。随着我们描述和理解城市的方式发生根本性的变化，我们设计城市的工具也随之改变。实验室的使命是预见这些变化，并从关键的角度进行研究。实验室汇集了来自不同领域的专家，包括设计师、规划师、工程师、物理学家、生物学家和社会科学家等，采用跨学科的方法，利用数字技术了解、描述、设计和建设城市（图4-4）。

（4）新南威尔士大学未来城市研究中心（City Futures Research Centre）

新南威尔士大学的未来城市研究中心是一个专注于城市问题的跨学科研究机构。自2005年成立以来，该中心已经在城市学术应用公益研究领域取得了全国领先的地位。该中心与政府、企业、非营利组织和社区等各方合作，致力于探索和解决影响城市发展和居民福祉的各种挑战，如城市公平性、住房、生产力、可持续性、复原力、城市治理和城市更新等。该中心不仅为下一代的城市思想家、城市塑造者和城市科学家提供了一个高水平的培训场所，也为当代的城市政策辩论和 21 世纪的城市规划提供了符合伦理、基于证据的投入（图 4-5）。

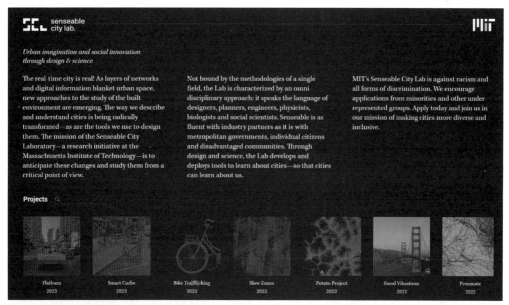

图 4-4　麻省理工学院感知城市实验室主页
来源：麻省理工学院感知城市实验室官网

图 4-5　新南威尔士大学未来城市研究中心主页
来源：新南威尔士大学未来城市研究中心官网

（5）卡内基梅隆大学都市 21：智慧城市研究所（Metro 21：Smart Cities Institute）

卡内基梅隆大学的都市 21：智慧城市研究所的成立可以追溯至 2009 年，其所采取前瞻性的创造性方法，将人、技术和政策结合起来，以大大改善大都市地区的生活质量。研究所以真实世界为实验室，与政府、企业和社区等合作伙伴一起为解决城市难题开发 21 世纪的解决方案，并测试其可行性与可扩展性。该研究所涵盖了提高城市生活质量的所有主要领域：基础设施建设、交通运输、环境与气候变化、供水与污水处理、公众参与和城市运营等（图 4-6）。

图 4-6　卡内基梅隆大学都市 21：智慧城市研究所主页
来源：卡内基梅隆大学都市 21：智慧城市研究所官网

（6）新加坡 - 苏黎世联邦理工学院未来城市实验室（Future Cities Laboratory）

未来城市实验室由苏黎世联邦理工学院（The Swiss Federal Institute of Technology）和新加坡国家研究基金会（Singapore's National Research Foundation）在 2010 年共同建立，并在前者的主持下运营。其愿景是通过科学、通过设计、在地性地、长久地实现城市和聚居系统的宜居、可持续发展。其研究领域包括建筑与数字建造、城市设计策略与资源、城市社会学、景观生态、移动及交通规划、模拟平台和人居环境等。该实验室计划联合苏黎世联邦理工学院、新加坡国立大学、新加坡南洋理工大学开展跨国、跨学科的未来城市研究。除了继续应对全球城市化扩张所面临的重大挑战与问题，还力求更好地了解城市及其周边地区之间的协同关系，使城市的聚居系统更具可持续性（图 4-7）。

图 4-7　新加坡 – 苏黎世联邦理工学院未来城市实验室主页
来源：新加坡 – 苏黎世联邦理工学院未来城市实验室官网

（7）纽约大学城市科学与发展中心（Center for Urban Science + Progress）

纽约大学城市科学与发展中心成立于 2012 年，是一个跨学科的研究中心，其研究团队汇集了物理和自然科学、计算机和数据科学、社会科学、工程、政策、设计和金融等专业领域的专家。该中心应用科学、技术、工程服务全球的城市社区，并以纽约市为课堂和实验室，不断通过新的数据和技术为复杂的城市问题寻求解决方案。该中心的研究既有明确的使命，也有实际的影响。它们通过数据分析改善城市服务、优化地方政府的决策、创建智能城市基础设施、解决具有挑战性的城市问题，如犯罪、环境污染和公共卫生问题，并激励城市公民提高生活质量（图 4-8）。

4.2.2　国内主要研究机构

（1）某城市规划设计研究院数字技术规划中心

某城市规划设计研究院数字技术规划中心承担国土空间规划的技术创新研究与应用；开展城市信息模型、大数据驱动支持仿真推演、规划决策等新技术研究，搭建统筹

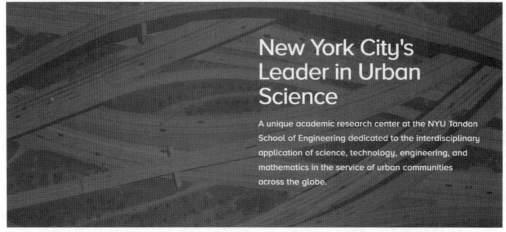

图 4-8 纽约大学城市科学与发展中心主页
来源：纽约大学城市科学与发展中心官网

图 4-9 某城市规划设计研究院主页
来源：https：//www.bjghy.com/（2023-03-31）

规划实施和城市治理的协同创新平台和智能工具；参与国土空间规划"一张图"实施监督系统的建设、运行和维护（图 4-9）。

（2）某规划设计研究院技术创新中心

某规划设计研究院技术创新中心由其规划设计研究院于 2014 年组建成立，坚持利用大数据分析辅助开展城市发展、规划和管理服务，重点研发人口、产业、空间、交通、住房、新区等领域的模型工具与信息化平台，解决城市发展中的共性与特性问题。在不断的实践积累中建立了凝聚行业知识的智库型业务体系，在国土空间规划、管理和运维领域，持续探索孵化新兴的服务模式和技术产品（图 4-10）。

图 4-10　某规划设计研究院技术创新中心主页
来源：http://ict.thupdi.com/（2023-03-31）

（3）某城市科学研究会智慧城市联合实验室

该研究会于 2014 年 7 月批准成立智慧城市联合实验室，其目的是打造智慧城市科研基地和专业智库，服务我国智慧城市建设。实验室主要开展智慧城市领域科研、规划咨询、标准评价、测试与评估及基础研究等工作。专业涵盖技术解决方案、空间信息、建筑节能、大数据与城市运营、基础设施、智慧社区、智慧旅游、多媒体信息传播、水工程、信息安全等。实验室将从解决实际问题入手，提出科学完善和可执行的智慧城市概念、建设体系及保障体系，协助国家智慧城市建设和管理工作，并为城市提供业务咨询和服务（图 4-11）。

图 4-11　智慧城市联合实验室主页
来源：http://www.chinasus.org/index.php?c=content&a=show&id=766（2023-03-31）

（4）北京大学城市与环境学院智慧城市研究与规划中心

北京大学城市与环境学院智慧城市研究与规划中心由柴彦威教授联合城市研究与规划、地理信息科学、智能科学、城市公共管理等领域的多名教授、学者于 2013 年 11 月成立。中心致力于智慧城市理论研究与技术攻关、时空间行为大数据研究及智慧城市规划管理应用。该中心基于近三十年的时空间行为研究，结合大数据研究范式，以智慧城市规划管理作为应用出口，形成了基于时空间行为的智慧城市研究与规划模式，在国际时空间行为研究与规划结合领域长期处于领先地位。该中心承担的主要项目包括智慧出行规划、智慧社区规划、智慧园区规划、城市体征诊断与预警系统、城市体检指标体系、城市生活圈规划研究、智慧城市总体规划与顶层设计、数字经济发展及其他相关规划项目（图 4-12）。

图 4-12　北京大学城市与环境学院智慧城市研究与规划中心主页
来源：https：//www.smartcity.pku.edu.cn/zxjs/zxgk/index.htm（2023-03-31）

（5）北京城市实验室

北京城市实验室（Beijing City Lab，BCL）由清华大学建筑学院龙瀛创立于 2013 年，作为一个致力于定量城市研究的学术网络，专注于运用跨学科方法量化城市发展动态，为更好的城市规划与管理提供可靠依据。该实验室采用跨学科的方法来量化城市系统，为城市规划和治理提出新的技术方法和见解，并形成城市可持续发展所需的城市科学。实验室目前结合了城市规划、建筑设计、城市地理学、GIS、经济和计算机科学背景，有深厚的研究实力（图 4-13、图 4-14）。

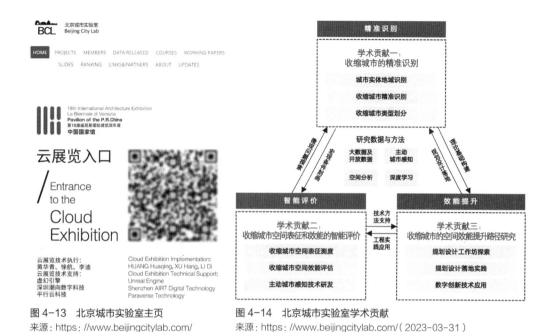

图 4-13　北京城市实验室主页
来源：https://www.beijingcitylab.com/
（2023-03-31）

图 4-14　北京城市实验室学术贡献
来源：https://www.beijingcitylab.com/（2023-03-31）

除上述研究机构外，同济大学建筑与城市规划学院王德教授团队、钮心毅教授团队，中山大学地理科学与规划学院周素红教授团队，南京大学建筑与城市规划学院甄峰教授团队，武汉大学城市设计学院牛强教授团队，东南大学智慧城市研究院等，均在新城市科学方面有较多探索和研究。

4.3　开设的主要教育项目与主要课程

传统的教育项目或者大学课程已经不能满足城市研究需求，为此国内外多个大学开设了（新）城市科学相关的教育项目或课程。本节对当今世界上代表性的（新）城市科学相关的教育项目或课程进行归纳整理，并对代表性的教育项目和课程的主要内容、培养目标、培养方式、项目特色，适用人群以及学生的预期收获等方面进行介绍（龙瀛，2019）。

4.3.1　主要教育项目

目前国内外开设的新城市科学相关的教育项目见表 4-1。

国内外新城市科学相关学位与院系　　　　　　　　　　　　　表 4-1

类型		院校	院系	学位／科系
学位	数据科学	杜克大学	—	跨学科数据科学硕士
		弗吉尼亚大学	数据科学学院	数据科学硕士
		哈佛大学	计算机科学与统计学院	数据科学硕士
		卡内基梅隆大学	语言技术学院	计算数据科学硕士
		康奈尔大学	统计和数据科学系	专业研究硕士
		南加利福尼亚大学	文理学院和工学院	空间数据科学硕士
	城市设计	卡内基梅隆大学	建筑学院	计算设计理学硕士
		清华大学	深圳国际研究生院	建筑学（未来人居设计）硕士
	城市分析	宾夕法尼亚大学	斯图尔特·韦茨曼设计学院	城市空间分析硕士
		东北大学（美国）	公共政策与城市事务学院	城市信息学硕士
		格拉斯哥大学	城市大数据中心	城市分析硕士
		伦敦大学学院	巴特莱特高级空间分析中心	互联环境硕士
		新南威尔士大学	建成环境学院	城市分析硕士
	城市科学	伦敦大学学院	巴特莱特高级空间分析中心	城市空间科学硕士
		马德里理工大学	工程和建筑学院	城市科学硕士
		麻省理工学院	城市与规划学系	城市科学与规划及计算机科学联合学士学位
			电气工程与计算机科学系	
		纽约大学	纽约大学城市科学与进步中心	应用城市科学与信息科学硕士
		以色列理工学院 - 康奈尔大学	—	城市科技硕士
科研院系		北京联合大学	应用文理学院	城市科学系
		上海师范大学	环境与地理科学学院	城市科学与区域规划

（1）卡内基梅隆大学计算数据科学硕士项目（Master of Computational Data Science，MCDS）

该项目创立于 2004 年，隶属于语言技术学院，是包括计算机科学系、机器学习系和人机交互研究所的超大型信息系统硕士项目。在该项目中，学生们将深入研究数据库、分布式算法和存储、机器学习、语言技术、软件工程、人机交互和设计等课题。通过核心课程和选修课，学生们将对超大型信息系统有统一的认识（图 4-15）。

（2）南加利福尼亚大学空间数据科学硕士项目（Master of Science in Spatial Data Science）

该项目是由南加利福尼亚大学文理学院和工学院提供的跨学科联合培养学位课程。该项目可以使学生了解基于位置的数据环境所带来的重大技术和社会挑战；了解如何获取空间数据并用于支持大数据环境中的各种形式的分析、建模及可视化；了解如何利用

图 4-15　卡内基梅隆大学计算数据科学硕士项目
来源：卡内基梅隆大学官网

人工智能、机器学习和数据挖掘来为公共、私营和非营利部门的各种社会问题提供解决方案。毕业时，学生们不仅拥有数据科学技能，而且还拥有可以领导公司或组织数据科学团队的能力，可以在初创企业和科技公司进行基于位置的数据分析，了解空间数据方面的新兴技术。学生们将了解数据科学的整体领域、数据分析师和数据科学家的角色，以及认识数据管理、数据可视化和人工智能技术（特别是数据挖掘和机器学习）在空间分析过程中的重要性，并学习如何将这些应用于现实世界（图 4-16）。

图 4-16　南加利福尼亚大学空间数据科学硕士项目
来源：南加利福尼亚大学官网

（3）格拉斯哥大学城市分析硕士项目（Master of Science in Urban Analytics）

该项目为学生提供城市分析相关的知识与技能，为学生们日后用大数据分析城市积累经验，使学生们对大数据和城市分析在城市规划和政策制定方面有批判性的认识。该项目提供一系列的统计和地理信息系统相关的软件实践，以及使用编程来获取、处理和分析数据相关的经验，并邀请城市分析相关的科研人员来进行交流讲座，使得学生们了解前沿的动态以及工作中面临的问题与挑战（图 4-17）。

图 4-17　格拉斯哥大学城市分析硕士项目
来源：格拉斯哥大学官网

（4）伦敦大学学院城市空间科学硕士项目（Master of Science Urban Spatial Science）

城市空间科学硕士项目（MSc Urban Spatial Science）前身是智慧城市与城市分析硕士项目（MSc Smart Cities and Urban Analytics），该项目旨在使学生能够用面向地理空间和数据的视角探索现代建成环境的理论和科学基础，用数据探索实现全球城市韧性和可持续性的方法。学生们还将了解诸多与城市分析和数据驱动型决策相关的前沿技术和方法，这些技术和方法涵盖数学、统计、仿真建模、计算机编程、空间分析和可视化等。并且学生们能够获得在人口统计学、经济学、治理政策、规划以及城市科学等多个领域理论观点支持下的实践技能（图 4-18）。

（5）马德里理工大学城市科学硕士项目（Master in City Sciences，MSC）

该项目认为目前城市对世界经济和社会的发展起到重要的驱动作用，但传统的大学

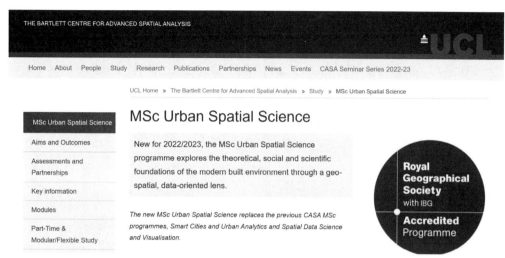

图 4-18　伦敦大学学院城市空间科学硕士项目
来源：伦敦大学学院官网

课程未能满足对智慧城市有深刻和全面理解的专业人士的迫切需求，因此马德里理工大学将电信、土木工程、建筑等学科联合起来，成立了城市科学硕士项目，旨在培养当前和未来智慧城市所需的专业人员。该项目不仅培养学生们对城市发展的全面看法，并且每年为学生们提供参加城市科学国际会议的机会，学生们向公司、投资者、大学和其他与智慧城市相关的重要机构展示他们的成果（图 4-19）。

图 4-19　马德里理工大学城市科学硕士项目
来源：马德里理工大学官网

（6）麻省理工学院城市科学与规划及计算机科学联合学士学位（Bachelor of Science in Urban Science and Planning with Computer Science）

2018 年，麻省理工学院批准设立城市科学与规划及计算机科学联合学士学位。该项目主要侧重于培养学生们在城市规划和公共政策方面的基本技能，利用统计学、数据科学等知识进行地理空间分析和可视化；使学生们掌握基本的计算机科学技能。该项目提供大量实践机会，在城市科学和计算机科学交叉的背景下，让学生将所学理论应用于实践中。学生还有机会根据个人需求选修数据可视化、应用空间分析、设计、公共政策等专业课（图 4-20）。

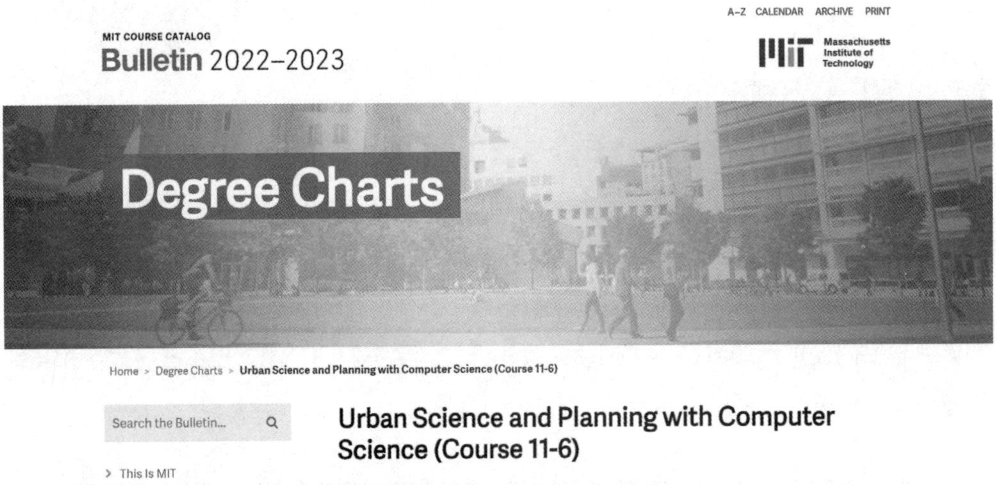

图 4-20　麻省理工学院城市科学与规划及计算机科学联合学士学位
来源：麻省理工学院官网

（7）清华大学深圳国际研究生院建筑学（未来人居设计）硕士项目

该项目依托清华大学建筑学院建设，从 2019 年 9 月开始正式招生。该项目基于建筑学与其他多个相关学科的交叉，关注未来人类聚居空间的前沿性问题培养创新性设计思维及能力的同时，致力于构思和创造更加智能和可持续的建成环境。该项目发挥粤港澳大湾区的发展机遇和深圳城市建设的实践优势，集聚全球顶尖人才，融合先进技术和前沿思想，面向未来人居关键问题，开展探索性实践（图 4-21）。

4.3.2　主要课程

本节对当今世界上开设的新城市科学相关的主要课程进行了归纳整理，见表 4-2。

图 4-21　清华大学深圳国际研究生院建筑学（未来人居设计）硕士项目
来源：https://www.sigs.tsinghua.edu.cn/938/list.htm（2023-03-31）

国内外新城市科学相关课程

表 4-2

院校	课程	开课教师
代尔夫特理工大学	智慧和可持续城市：数字化和治理的新方式（在线课程）	Gabriela Viale Pereira；Edimara Mezzomo Luciano；Marijn Janssen
哥伦比亚大学	城市数据信息学（硕士课程）	Boyeong Hong
广州大学	智慧城市（在线开放课程）	张新长、李少英、阮永俭
加州大学伯克利分校	（城市模拟）UrbanSim 云平台介绍（在线开放课程）	Sam Blanchard
加州大学伯克利分校	城市数据科学导论（本科课程）	Karen D Chapple
南京大学	探寻城市数字密码（在线开放课程）	胡宏
纽约大学	数据挖掘、预测分析和大数据（在线开放课程）	Jonathan Williams
普渡大学	智慧城市的数据科学（在线开放课程）	Satish Ukkusuri；Eunhan Ka
清华大学	大数据与城市规划（硕士／博士／在线开放课程）	龙瀛
清华大学	新城市科学（本科／在线开放课程）	龙瀛
清华大学	城市信息学（硕士课程）	来源
苏黎世联邦理工大学	理解未来城市：方法论（博士课程）	Stephen Cairns
同济大学	智慧城市（在线开放课程）	周向红
新南威尔士大学	数字城市（硕士课程）	Negin Nazarian
新南威尔士大学	地理信息系统与城市信息学（硕士课程）	Sara Shirowzhan
中国地质大学（武汉）	大数据和城市计算（本科课程）	姚尧

（1）加州大学伯克利分校在线开放课程——城市模拟云平台介绍（Introduction to the UrbanSim Cloud Platform）

该课程主要为学生们介绍 UrbanSim 预测方法、UrbanSim 云平台的可用功能以及人口普查街区尺度的 UrbanSim 模型的基本情况。同时学生们将使用该平台编写方案，启动 UrbanSim 模拟，使用 3D 地图界面可视化模型输出（图 4-22）。

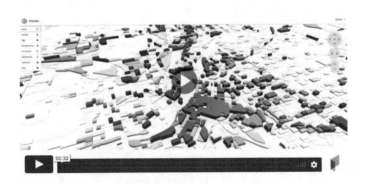
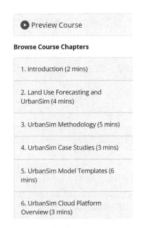

图 4-22　加州大学伯克利分校在线开放课程——城市模拟云平台介绍
来源：Planetizen Course 官网

（2）纽约大学在线开放课程——数据挖掘、预测分析和大数据（Data Mining，Predictive Analytics，and Big Data）

该课程向学生展示应用统计学、数学和计算科学等可用于揭示复杂数据集背后含义的工具，培养学生的阐明预测分析的意义以及根据情况选择适当的分析方法的能力，同时鼓励学生收集预测分析技术所需数据。使学生了解数据挖掘和预测分析中重要的模式和未来发展的趋势，并应用实践技能和理论基础来处理具有挑战性的数据分析问题（图 4-23）。

（3）苏黎世联邦理工大学博士课程——理解未来城市：方法论（Understanding the Future City：Methodologies）

该课程重点关注对未来城市研究有重要意义的研究，特别是涉及支持未来城市研究的方法、技术和研究工具。课程重点关注可持续未来城市研究中所需要的方法，是专门为来自不同学科背景的博士研究生设计的课程（图 4-24）。

图 4-23　纽约大学在线开放课程——数据挖掘、预测分析和大数据
来源：纽约大学官网

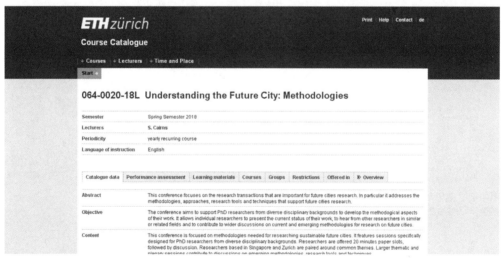

图 4-24　苏黎世联邦理工大学博士课程——理解未来城市：方法论
来源：苏黎世联邦理工大学官网

（4）清华大学硕士 / 博士课程——大数据与城市规划（Big Data and Urban Planning）

该课程结合中国城市规划以及其技术发展的特点进行讲授，讲解数据技术的研究方法，以及城市系统和规划设计领域的应用。教授内容主要涵盖了数据获取、统计、

分析、可视化，城市系统分析，各个规划类型的应用，以及最新前沿介绍等内容。同名在线 MOOC 已成功开展 9 期，累计超过 6.8 万人选课（2024-06-14）。学生们将收获以下主要内容：数据方面，该课提供了一套完整的北京中心城城市空间新数据；方法方面，掌握基本的数据抓取、分析挖掘、可视化等操作；思维方面，培养利用新数据、量化研究方法和先锋技术手段认识城市和规划设计城市的思维方式；研究方面，在数据获得、方法掌握和思维熟悉的基础上，提高利用城市空间新数据的研究能力（图 4-25）。

图 4-25　清华大学硕士 / 博士在线开放课程——大数据与城市规划
来源：学堂在线官网

（5）清华大学本科通识课程——新城市科学（New Science of Cities）

该课程分为概述、技术、应用与展望篇四个模块系统介绍新城市科学的最新研究进展。同名在线 MOOC 课程已成功开展 8 期，累计超过 2.9 万人选课（2023-05-11）。学生们预期的收获包括：提升认知水平，了解新涌现的与城市相关的事物，从而根据当下城市的变化对其未来潜在的发展趋势进行判断；掌握专业能力，能够使用新城市科学体系下的主要新数据、新方法和新技术对新城市进行分析以解决新产生的问题（图 4-26）。

图 4-26　清华大学本科通识课程——新城市科学
来源：学堂在线官网

（6）同济大学在线开放课程——智慧城市（Smart City）

该课程融理论介绍、典型案例、实地考察于一体，为学生们介绍城市管理前沿——智慧城市的核心理念和最新实践。课程核心板块包括智慧地球与智慧城市以及先进经验与典型案例。该课程在深入浅出分析相关观点的同时，也指出未来人们会遇到镜像世界、虚拟市场互动过程政策法规如何制衡、区位优势、公共服务概念被重新定义、双微、双创、数字鸿沟、数字能力等概念背后的挑战（图 4-27）。

（7）中国地质大学（武汉）本科课程——大数据和城市计算（Big Data and Urban Computing）

该课程从大学人才通识培养需要出发，系统介绍了当前大数据和城市计算的概念、理论、框架、主要研究问题、技术方法等。并结合专题讲座，从城市科学问题的角度讲解城市计算模型和在规划、环境、卫生和生活等方面的应用。课程旨在对学习者进行数据素养教育，紧密地围绕通识教育核心理念，培养和锻炼学生的地理空间大数据意识、大数据思维、大数据伦理和大数据应用能力，使其在大数据时代和快速发展的城市中获得更好的生存和发展空间（图 4-28）。

图 4-27　同济大学在线开放课程——智慧城市
来源：学堂在线官网

图 4-28　中国地质大学（武汉）公共选修课——大数据和城市计算课程
来源：https：//www.urbancomp.net/archives/bigdataandurbancomputingmaterials（2023-03-31）

4.4　本章小结

　　首先，在跨学科的研究领域中，社会物理学、网络科学、计算社会科学、城市信息学和城市计算等都与新城市科学有很强的关联性，它们与新城市科学有所交叉、互为支撑、相互融合，共同发展。其次，本章对当今世界上在新城市科学领域影响力较大的研究机构进行了介绍，主要介绍了机构的研究方向和项目特色等。最后，对全球范围内各个院校开设的与新城市科学相关的具有代表性的教育项目与课程进行了介绍，读者可依据个人兴趣选择性深入了解。

13 课后习题

▌ 本章参考文献

[1] COMTE A，MARTINEAU H. The positive philosophy[M]. New York：Ams Press，1855.
[2] GEORGE G，HAAS M，PENTLAND A. Big Data and management：From the editors[J]. Academy of Management Journal，2014，57（2）：321-326.
[3] SHI W，GOODCHILD M F，BATTY M，et al. Overall introduction[M]//Urban Informatics. Berlin：Springer，2021：1-7.
[4] ZHENG Y，CAPRA L，WOLFSON O，et al. Urban computing：Concepts，methodologies，and applications[J]. ACM Transactions on Intelligent Systems and Technology，2014，5（3）：1-55.
[5] 龙瀛.（新）城市科学：利用新数据、新方法和新技术研究"新"城市[J]. 景观设计学，2019，7（2）：8-21.
[6] 孟小峰，李勇，祝建华.社会计算：大数据时代的机遇与挑战[J]. 计算机研究与发展，2013，50（12）：2483-2491.
[7] 郑宇.城市计算概述[J]. 武汉大学学报（信息科学版），2015，40（1）：1-13.

第 2 篇　　　　　　　　　　新的城市科学

当前不断涌现的多元、海量、快速更新的城市数据为研究精细时空尺度下的人类行为和空间形态提供了广阔的前景，跨学科以及数据驱动的技术方法也为城市空间与人类行为活动的相互作用机制研究提供了重要机遇。本篇将首先在第 5 章介绍目前应用较广泛的各类新数据，并在第 6 章介绍数据采集、分析、可视化等可运用的新技术新方法。

新数据环境与新技术方法共同支撑了新的城市科学发展。其中，新数据环境按照数据属性可分为自然、建成、社会环境数据。而新技术方法针对数据的采集与应用流程，按照先后关系依次介绍数据采集、处理与分析，以及模拟优化三个阶段内容。

第5章 新数据环境

近年来，随着 ICT 的迅猛发展，各种互联网科技公司，各级政府、社会组织共同形成的数据平台日渐丰富，相关研究中出现了"新数据环境"，形成"城市空间新数据"（龙瀛，2016）。

本章将"空间（城市空间）新数据"划分为：自然环境数据、建成环境数据与社会环境数据。不同类型的城市空间新数据在空间和时间分辨率上具有很大的差异，为城市研究者提供了新的视角来探寻城市发展的内在规律。下面将按照三大类型详细介绍这些数据，举例介绍各类数据在实际研究中的应用。

14 课件：传统数据与
新数据分类

5.1 数据分类与索引

本小节用索引表格的形式列出了后续详细介绍的数据及其所属类别，读者可按需查阅（表 5-1）。

新城市科学相关数据一览表　　　　　　　　　　表 5-1

数据类别	序号	数据名称	具体描述	参考数据名称和地址
自然环境数据	1	河流水系	指自然河流、水系的面状数据，主要用于描述其精确的位置以及形状信息，一般为矢量数据，部分为栅格数据	OSM 地图（OpenStreetMap） HydroSHEDS 全球自然河流数据 中科院资源环境科学与数据中心数据库
	2	地形地貌	一般指描述地势高低起伏变化的数据，大多为数字高程数据（DEM）	STRM 高程数据 ASTER 高程数据
	3	自然环境遥感数据	指利用各种遥感技术，对自然环境的动态变化进行监测或作出评价的数据	地理空间数据云平台 MODIS 遥感数据
建成环境数据	4	路网数据	指道路的矢量数据，一般包含道路的位置、几何形状、名称、等级等信息	OSM 地图（OpenStreetMap） 某度地图 API
	5	建筑物数据	指建筑的轮廓数据，一般包含建筑的基底轮廓、层数 / 高度、面积等属性	某度地图 API 某德地图 API
	6	街景图片数据	指运用街景图片采集车等采集设备获得的真实街道照片，能够反映城市街道周边的建成环境	某度地图 API 某歌地图开发者平台
	7	建成环境遥感数据	侧重于观测"人工地表"的遥感数据	地理空间数据云提供的 Landsat 系列、MODIS 系列遥感图像 NASA 相关（DAAC、SEDAC）平台 美国地质勘探局平台 欧洲航天局（ESA）哥白尼开放数据中心平台
	8	夜光遥感数据	指使用遥感技术获取的地表夜间照明数据。这些数据可以显示夜间的亮度分布，反映人口分布、经济活动、能源消耗、城市扩张等方面的信息	珞珈一号卫星数据 吉林一号卫星数据 美国的 NPP-VIIRS 夜光遥感数据 美国的 DMSP-OLS 夜光遥感数据
社会环境数据	9	行政边界数据	指各级行政单元的边界数据，一般为矢量数据	世界粮农组织数据库 GADM 全球行政区域数据
	10	人口普查数据	指人口普查工作所形成的公开数据	国家统计局普查数据
	11	人口空间分布网格数据集	基于一定区域的人口统计数据，并在协变量（如夜光遥感影像、与主要道路的距离、数字高程等）的配合下，将统计人口分配到网格层面的人口估计数据集	WorldPop 全球人口数据 LandScan 全球人口数据 清华大学建筑学院龙瀛团队 2020—2100 年全球 1km 网格的人口分布预测数据
	12	经济普查数据	指经济普查所公布的公开数据	国家统计局经济普查公报
	13	房源数据	指二手房交易平台公开的大量房价、房源、销售量等相关信息所构成的数据集	某家网 某居客网
	14	GDP 空间分布网格数据集	将 GDP 数据按照统一的标准划分到空间网格中，并用栅格属性值标识各网格的 GDP 值所形成的数据集	中国科学院资源环境科学与数据中心数据库

续表

数据类别	序号	数据名称	具体描述	参考数据名称和地址
社会环境数据	15	公交刷卡数据	是指公共交通工具上乘客使用公交卡（如市民卡、一卡通等）刷卡乘车时所产生的数据记录，包含了乘客上下车时间、地点、乘车线路、乘车次数、消费金额等信息，具有较高的时空精度和时效性	—
	16	兴趣点（POI）数据	兴趣点（POI）数据提供了真实世界中可能对某些人群感兴趣的地方的数字表示，越来越多地被用于理解人与地点的互动、支持城市管理和构建智能城市	某度地图 API 某德地图 API
	17	手机信令数据	指手机用户与通信公司固定发射基站之间的通信记录，内含手机用户的地理定位、通话、短信、流量等数据信息	—
	18	公共交通轨迹数据	指公交车、网约车、共享单车等交通工具在运营时，基于位置服务所产生的大量的 GPS 定位数据	深圳市政府数据开放平台
	19	用户评论数据	指用户运用社交媒体对某一事务进行评论时所记录的数据，如用户在某点评平台中对店铺进行打分所形成的点评数据，运用某某书等平台对生活空间、店铺等进行点评所形成的用户评论数据等	某点评开发平台
	20	社交媒体数据	指通过各种社交媒体平台收集到的包含地理位置信息的用户生成内容数据	某博官网
	21	LBS 数据	指用户使用特定应用或服务时通过移动设备主动提供的位置数据	—

15 课件：自然环境数据

5.2 自然环境数据

5.2.1 河流水系

河流水系数据一般是指自然河流、水系的边界，主要用于描述其精确的位置以及形状信息，一般为矢量数据，部分为栅格数据。该数据主要来自于测绘或开源地图的共享，如某度地图、某德地图、OSM 地图（OpenStreetMap）等。

5.2.2　地形地貌

地形地貌数据是描述地势高低起伏变化的数据，一般指数字高程模型数据（Digital Elevation Model，DEM），即运用规则的网格点 / 栅格点的高程值构成的栅格数据集（图 5-1）。

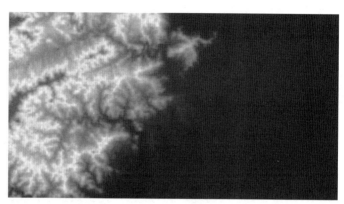

图 5-1　中国某城市的 DEM 数据（分辨率 500m）
来源：ASTER 数据集

5.2.3　自然环境遥感数据

环境遥感，指利用各种遥感技术，对自然环境的动态变化进行监测或作出评价与预报，其产生的数据称为自然环境遥感数据，具体可以分为大气环境遥感、陆地环境遥感、海洋环境遥感、水环境遥感、植被生态环境遥感、土壤遥感等多种类型。

自然环境遥感数据可用于分析植被、各类水体等自然要素的边界，也可以进行大面积的宏观环境质量评价和生态监测。如大气环境遥感数据可用于城市地表能量建模，进而分析城市热岛效应（Weng，2009）；大气环境遥感数据、植被生态环境遥感数据等数据相结合，可用于观测发展过程中的环境恶化现象（如 $PM_{2.5}$ 的浓度变化）等（He et al.，2017）；水环境遥感数据、陆地环境遥感数据可用于建成区及其周边的生态环境效益评价等。此类数据可以从以下渠道获取：

（1）地理空间数据云平台。

（2）MODIS 遥感数据。

16 课件：建成环境数据

5.3　建成环境数据

5.3.1　路网数据

　　路网数据指道路的矢量数据，数据往往包含道路的位置、几何形状、道路名称、道路等级等信息。道路数据主要来源于开源地图的共享或相关测绘数据。路网数据在相关分析中的重要性不言而喻，是空间分析、路网可达性分析、路网缓冲区分析的基础。近年来，路网数据也在其他方面得到了应用，如基于路网数据生成的道路交叉口数据可用于划定实体城市的边界（Long，2016），作为活力因子评价城市活力等（Jin et al.，2017）。道路数据可从以下途径获取：

　　（1）OpenStreetMap 地图。

　　（2）某度地图开放平台。

　　（3）某德开放平台。

5.3.2　建筑物数据

　　建筑物数据是指建筑的轮廓数据，该数据往往包含建筑的基底轮廓、建筑层数 / 高度、建筑面积等属性，是表征城市建成环境的重要数据。建筑物数据主要用于城市建设的评估、人口分布的估算、经济条件评估等，也是许多研究的基础输入数据。该数据大多来自于地图服务商或公开的地图服务网站，如 OSM 地图（OpenStreetMap）等，因此典型建筑物数据的获取途径同路网数据（见 5.3.1 路网数据）。快速的城市发展带来城市面貌的日新月异，矢量建筑数据的更新速度不一定能够同实际相匹配，存在一定的时效性局限；同时该数据的空间覆盖度也存在不足，在局部往往会出现建筑物缺失的情况（图 5-2）。

5.3.3　街景图片数据

　　街景图片数据是指运用街景图片采集车等采集设备获得的真实街道照片，能够反映城市街道周边的建成环境，为城市街道（城市公共空间）研究提供了良好的研究基础（图 5-3）。其中，某歌地图、某度地图、某德地图等都提供了世界以及中国的大

图 5-2　中国某城市
的矢量建筑数据
来源：OSM 地图数据

量街景图片，研究者可以通过公开的应用程序编程接口（Application Programming Interface，API）获取城市街景图片，并结合人工图片审计方法或机器学习模型实现对街景图片的自动识别 / 评价，以实现基于城市街景的城市空间活力 / 品质评估（张书杰等，2022）。

此外，街景图片也可通过移动主动采集方法进行获取，以弥补商业街景图片更新不及时、覆盖不全面的问题，具体采集方法在 6.1.1 将展开介绍。

5.3.4　建成环境遥感数据

建成环境遥感数据和自然环境遥感数据具有很高的关联性，前者主要侧重于观测"人工地表"；后者以海洋、大气、植被等自然要素作为观测对象，数据侧重于展示自然要素分布与变化。一般意义上，建成环境遥感数据集往往指遥感影像的建成区部分，是遥感影像数据集的子集。同时，建成环境遥感也包含夜光遥感影像。目前，中国、美国、欧盟等国家和组织均拥有大量的遥感观测卫星，其获得的遥感数据是多个领域研究的重要一手数据。目前可以获取遥感图像的公开平台主要包括：

（1）地理空间数据云提供的 Landsat 系列、MODIS 系列遥感图像。

图 5-3 　城市街景图片
来源：张书杰等，2022

（2）NASA 分布式活动存档中心（Distributed Active Archive Centers，DAAC）平台。

（3）NASA Earthdata 数据开放平台。

（4）NASA 社会数据应用中心（Socioeconomic Data and Applications Center，SEDAC）平台。

（5）美国地质勘探局（United States Geological Survey，USGS）全球可视化查看器（GloVis，Global Visualization Viewer）平台。

（6）欧洲航天局（European Space Agency，ESA）哥白尼开放数据中心（Copernicus Open Access Hub）平台。

5.3.5 　夜光遥感数据

夜光遥感数据是指使用遥感技术获取的地表夜间照明数据。这些数据可以显示夜间的亮度分布，反映人口分布、经济活动、能源消耗、城市扩张等方面的信息，通常是通过卫星获取，具有覆盖范围广、数据量大、时间分辨率高等特点。

夜光遥感数据可用于研究城市的空间分布、经济活动、人口分布、环境影响等多个方面的问题。例如，通过比较夜光遥感数据的时间序列变化，可以分析城市的扩张速度和方向，以及城市内外部的变化情况。还可以用于了解城市夜间亮度分布，以提高城市照明效率，减少能源浪费和光污染（图 5-4）。典型的夜光遥感数据包括：

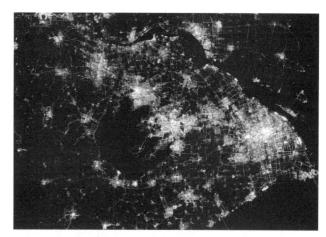

图 5-4　中国某区域的夜光遥感影像
来源：珞珈一号

（1）武汉大学发射的珞珈一号卫星数据。

（2）吉林一号卫星数据。

（3）美国的 NPP-VIIRS 夜光遥感数据。

（4）美国的 DMSP-OLS 夜光遥感数据。

17 课件：社会环境数据

5.4　社会环境数据

5.4.1　行政边界数据

行政边界数据是城市研究中最基础的数据之一，是大多数研究划定研究边界与单元的基础。全球各国由于历史、政治、国土面积等原因，行政区划之间差异很大。许多研究组织 / 机构在网站上共享了大量的全球行政边界数据供用户参考、使用，主要的行政边界数据有：

（1）联合国粮食及农业组织（Food and Agriculture Organization of the United Nations，FAO）全球行政区数据（The Global Administrative Unit Layers）。该数据是由 FAO 针对国家的国界、第一行政级别、第二行政级别建立的全球行政边界数据。

（2）全球行政区域数据库（The Database of Global Administrative Areas，

GDAM）。GDAM 项目旨在绘制世界各个国家、各个级别的行政区划，并将这些数据进行公开。该数据库提供了全球所有国家最多 6 个层级的行政区划（包含中国的国家、省、地市、区县四级），也提供了历史边界数据。

（3）自然地球数据库（Natural Earth Data）。该数据集是一个公开的地图数据集，包含矢量数据格式（ESRI Shapefile 格式）和栅格图像格式，用户可在 1：10 万、1：50 万和 1：11 万比例尺上使用。

（4）其他公开的行政边界数据。中国科学院资源环境科学与数据中心也提供多年的中国国界、省级、地市级、县级、乡镇、行政村级的行政边界数据；各大地图服务商，如某德地图、某度地图、某讯地图等也提供行政边界数据供用户使用。

在应用该数据时，需要注意如下问题：首先，要注意到各个级别的行政边界数据的精度可能不同，如对比国界和省界（第一行政边界）数据，国界在省级尺度上（更大的比例尺上）往往不如省界精确，因此需要根据研究选择空间尺度相匹配的行政边界；其次，行政边界数据往往来自于中立的研究机构，或互联网众包，往往不涉及领土争端问题，因此在绘制各国地图、开展相关研究之前，首先需要对行政边界进行必要的整理与修正。

5.4.2　人口类数据

（1）人口普查数据

人口普查是国情国力调查的一部分，也是世界各国搜集国家人口资料的一种最基本的方法，其目的是全面地掌握人口基本信息，包括人口总量、年龄结构、性别比例、出生率、死亡率等信息，为国家人口政策和社会经济发展提供基础数据与依据。而人口普查数据便是人口普查工作所形成的公开数据。

根据国务院 2010 年颁布的《全国人口普查条例》规定，国家层面一般每十年进行一次人口普查（逢尾数为 0 的年份），每五年进行人口抽样调查（逢尾数为 5 的年份）。截至目前，中国共计进行了七次国家人口普查（分别于 1953 年、1964 年、1982 年、1990 年、2000 年、2010 年、2020 年进行），其中第五次、第六次、第七次人口普查均形成电子资料，在国家统计局官方网站可获得公开资料。

（2）人口空间分布网格数据集

随着空间制图技术的不断发展和世界各国人口统计数据的丰富，高精度的空间人口网格数据集成为评估城市扩张的规模和速度，预测未来的人口增长趋势等方面的重要数据集。人口空间分布网格数据集是基于一定区域的人口统计数据，在协变量（如夜光遥感影像、与主要道路的距离、数字高程等）的配合下，将统计人口分配到网格层面的人口估计数据集。其在一定程度上精确反映了人口的空间分布状态，并在传染病防治、自然灾害评估、自然环境保护、全球气候研究等领域得到了广泛应用。

世界许多研究机构都向社会公开了此类数据，包括：

（1）南安普顿大学的 WorldPop 网站公开的数据，提供了 2000—2020 年全球的人口分布数据，网格精度分为 1km 和 100m 两个版本。

（2）美国橡树岭国家实验室（Oak Ridge National Laboratory，ORNL）的 LandScan 数据集，逐年更新现有的全球人口数据集，网格精度为 30 弧分（约 1km），用户可在申请后获得该数据集。

（3）欧盟委员会联合研究中心（Joint Research Centre）的 GHS-POP 数据集，提供了 100m、1km、3 弧分、30 弧分四种分辨率的全球人口数据集。

（4）全球变化科学研究数据初版系统公开的中国公里网格人口分布数据集。

（5）清华大学建筑学院龙瀛团队对于未来（2020—2100 年）全球 1km 网格的人口分布预测数据。

5.4.3　经济类数据

（1）经济普查数据

经济普查是针对第二产业、第三产业的发展规模、结构和效益等情况，为研究制定国民经济和社会发展规划，提高决策和管理水平奠定基础所进行的普查。经济普查所公布的公开数据称为经济普查数据。在中国，国家的经济普查一般由国务院以及各级经济普查领导小组及其办公室组织实施，普查的行业包括采矿业、制造业、电力、燃气及水的生产和供应业、建筑业、交通运输、仓储和邮政业等十八个行业，通常每 5 年进行一次，目前共计完成 4 次（2004 年、2008 年、2013 年、2018 年）。相关统计公报和经济普查数据可查看国家统计局官网。

（2）房源数据

房源数据是指由房产信息服务平台公开的大量房价、房源、销售量等相关信息所构成的数据集。平台如某房网、某居客、某家网等，均在网站上公开了所售（租）房屋（包括了新房和二手房）的位置、价格、总价、建成年代、小区品质等诸多信息。许多研究通过网络爬取的方式批量获得了大范围的城市房源数据，包含名称、区域、地址、类型、级别、物业公司、物业管理费、车位数、开发商、层高、建筑面积等属性，以支持相关研究。此外，此类网站上还有大量公开的、具有地理位置的室内、小区的图片和视频数据，能够支持小区层面的研究，如判定小区的空间品质。但由于房价随时间起伏明显，因此研究者在使用过程中需要特别注意房源数据的时效性。

（3）GDP 空间分布网格数据集

类似于人口空间分布网格数据集，现有研究也将 GDP 数据按照统一的标准划分到若干个 1km×1km 的像元中，并用栅格属性值标识各网格的 GDP 值。GDP 空间分布网格数据集能够较为直观地反映 GDP 的空间分布特征，具有重要的应用潜力。中国科学院资源环境科学与数据中心提供了中国 GDP 空间分布网格数据集。

5.4.4　人群活动类数据

（1）公交卡刷卡数据

公交卡刷卡数据即公交卡大数据（Smart Card Data，SCD），是指公共交通工具上乘客使用公交卡（如市民卡、一卡通等）刷卡乘车时所产生的数据记录，包含了乘客上下车时间、地点、乘车线路、乘车次数、消费金额等信息，具有较高的时空精度和时效性。这些数据可以用于交通运输规划、公共交通线路优化、乘客出行行为分析等领域。SCD 能够准确地反映市民活动规律与城市的人口空间分布，且数据获取的成本也相对较低，因此广泛用于城市规划以及相关领域的研究和分析之中，其优势可以概括为：数据覆盖面广、数据更新频率快、数据精准度高、具有精准的地理信息与时间信息、数据量大等特点（龙瀛，2012）。

SCD 数据具有非常广泛的应用前景，并得到了大量的应用，如应用于城市职住平衡、公共交通路线优化、城市功能评价、公共交通人群画像等方面的研究。数据还可用于分析城市职住关系和通勤出行行为（图 5-5）（龙瀛，2012）。但该数据一般预处理难度与工作量大，空间分辨率限于站点尺度而不能进一步精细。

（2）兴趣点（POI）数据

兴趣点（POI）数据，泛指互联网电子地图中的点类数据，至少包含名称、位置、坐标、分类等属性，是目前城市研究相关领域所用到的最广泛、最基础的数据之一。兴趣点（POI）数据提供了真实世界中可能对某些人群感兴趣的地方的数字表示，越来越

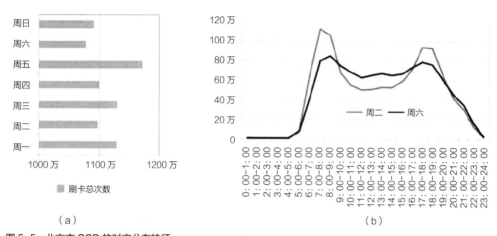

图 5-5　北京市 SCD 的时空分布特征
（a）一周内每日刷卡总次数；（b）周二和周六不同出发时间的刷卡次数
来源：龙瀛，2012

多地被用于理解人与地点的互动、支持城市管理和构建智能城市（Sun，2023）。以某德 POI 为例，POI 分为至少 7 个大类，如餐饮服务、风景名胜、公司企业、公共设施、科教文化服务、体育休闲服务、地名地址信息等多种类型。多家互联网地图公司以及在线地图公司都提供 POI 获取的 API 接口（如某德地图的接口、某度地图的接口）等，可供用户申请下载。

在具体应用时，应当注意 POI 所覆盖的范围，特别是需要评估 POI 数据在不同城市（或城市和农村）之间的差异性，如受限于互联网地图的普及程度，许多中小城市的边缘地区，商店、服务设施等不一定被 POI 数据完整涵盖。

（3）手机信令数据

手机信令数据是指手机用户与通信公司固定发射基站之间的通信记录，内含手机用户的地理定位、通话、短信、流量等数据信息。手机信令数据带有准确的时间信息和位置属性，同时包含话单数据，可以反映用户之间的通信联系程度 / 频率。手机信令的空间分辨率一般受到基站的影响，因此在城市内精度多为 200m 左右，而在乡村地区则更大，时间分辨率可精确到秒（但一般运营商在数据增值服务中仅提供小时级别的数据）。目前，手机信令数据主要来自通信公司，如智慧足迹平台。智慧足迹平台涵盖了 4 亿 + 中国某通用户的日常通信数据，上网记录 5380 亿条，话单 330 亿条，可以获得人口分布、流动和活动轨迹等多维度信息。

在手机信令数据的大量应用基础上，研究者对于职住空间、人口流动的关系的研究得以更加深入，在动态视角和静态视角相结合的方法下，能够进一步分析城市空间绩效等问题（钮心毅，2022）。如研究者运用手机信令数据，以场所空间、流动空间两个空间维度为视角，深入分析了长三角城市群的空间组织特征（王垚，2021）；基于手机信令数据，从跨城通勤联系的分析入手，分析上海市及其周边城市区域的空间结构等（钮心毅，2018）。

（4）公共交通轨迹数据

公共交通轨迹数据是指公交车、网约车、共享单车等交通工具在运营时，LBS 所产生的大量的 GPS 定位数据。公共交通轨迹数据记录了它们的位置信息与运行情况。受交通工具的出行距离影响，出租车的 GPS 轨迹大多覆盖整个城市，而共享单车数据大多仅覆盖部分区域。此外，后者还会记录骑行过程中产生的定位轨迹、开关锁的记录等信息。公共交通轨迹数据可以作为相关研究的输入数据，配合如土地空间使用、居民家庭出行调查数据、道路网络、交通分析小区（Traffic Analysis Zone，TAZ）边界等进行城市分析。

近些年，利用共享单车和电单车数据集进行的城市研究也大量出现，如邝嘉恒等人运用共享单车数据分析了厦门市地铁站周边早高峰整体出行均衡性（邝嘉恒和邹群勇，2022）；刘冰等人运用公共自行车数据评估了公共自行车使用活动的时空间特征（刘冰等，2016）等。

（5）用户评论数据

用户评论数据是指用户运用社交媒体软件对某一事物进行评论时所记录的数据，如用户在某点评软件中对店铺进行打分所形成的点评数据，运用某某书等平台对生活空间、店铺等进行点评所形成的数据等。某蜂窝、某程、某团等软件也是提供用户评论数据的重要平台：例如，旅游网站提供针对旅游景点、酒店、路线的评论功能，积累了海量的用户旅游评价数据；用户可以在旅游网站上对酒店、机票等进行点评；某点评的用户可以在该平台上对餐饮、电影、外卖等进行评价。以上软件的点评数据包含了用户评论的关键词、情感倾向等信息，研究者可以对用户的偏好进行分析和挖掘。此外，用户评论数据也可以帮助企业了解消费者需求，提高产品或服务的质量。

目前最为常用的用户评论数据为某点评数据。某点评数据可以通过官方网站提供的 API 接口抓取，也可以运用数据爬虫从网页源码进行抓取。点评数据一般为点状数据，每个点代表一个店铺，属性内包含相关店铺的地理位置、点评数量、店铺评分等信息，可用于分析城市商业活力，以及 O2O（Online to Offline）交易服务等对城市的影响。

（6）社交媒体数据

城市研究中的社交媒体数据指的是通过各种社交媒体平台收集到的包含地理位置信息的内容数据。数据一般为点状矢量数据，每个点记录了一条社交媒体的活动信息（发文、打卡、评论、拍摄视频等），数据中包含用户信息（匿名处理后）、图片、链接地址等信息，但其最核心的信息为发文位置。一般情况下，此类数据的体量较为庞大，同时也有大量无效信息混杂其中，使用者需要在后续的数据清洗、数据整理步骤中投入大量的精力对数据进行处理。

社交媒体数据通常被用来研究城市的社会、文化和经济特征，以及城市的空间布局和城市居民的行为模式。例如，城市研究者可以通过社交媒体数据了解城市居民对不同城市景点和文化设施的兴趣和反应，进而制定更加精准的旅游和文化规划。另外，城市研究者还可以通过社交媒体数据分析城市居民的活动轨迹和行为模式，进而规划更加便利和高效的公共交通和基础设施。最后，城市研究者还可以通过社交媒体数据分析城市居民的购物和消费行为，进而规划更加符合城市居民需求的商业和零售设施。

（7）LBS 数据

LBS（Location-Based Service）数据是指用户使用特定应用或服务时，主动提供的位置数据。同手机信令数据不同的是，LBS 数据需要用户的明确授权，一般由手机 APP 服务商提供，如在线地图、出租车或配送服务等，而手机信令数据一般由通信公司提供。近年来，LBS 数据得到了 APP 服务商和研究机构的重视，诸多手机 APP 服务商都成立了数据平台，如某度地图平台运用用户的 LBS 数据形成了"某度慧眼"数据平台，提供城市人口分布、交通出行、基础设施等情况的基础数据。其能够提供城市级的实时人口活动指数，并以热力图的形式展现。

5.5　本章小结

本章探讨了当下出现的新数据环境，并从自然环境、建成环境、社会环境三方面系统地介绍了相关研究中常用到的多类数据（表 5-1），包括数据的特点、典型数据下载地址以及该数据在相关研究中的应用。新数据的出现为城市研究学者提供了大量研究新视角，借助新兴的智能技术和数据分析方法，研究者能够进一步研究城市发展的规律、识别居民的需求，以制定更具可持续性的城市发展计划。同时，新数据的大量出现也推动了数据分析方法和可视化方法的进步，越来越多先进的分析和可视化工具被应用于城市研究领域，促进了相关学科的发展。

　　然而，在应用新数据时，数据隐私和安全的问题值得研究者高度重视。相关研究必须保证用户隐私信息的安全，同时保持对社会公正的关注，以确保城市新数据不会给国家安全和社会稳定带来危害。综上所述，城市研究需要进一步适应新数据环境，并结合新数据应用来实现研究方法的进步，促使城市向更加人性化和可持续的方向发展。

18 课后习题

▎本章参考文献

[1] HE C，GAO B，HUANG Q，et al. Environmental degradation in the urban areas of China: Evidence from multi-source remote sensing data[J]. Remote Sensing of Environment，2017，193: 65-75.

[2] JIN X，LONG Y，SUN W，et al. Evaluating cities' vitality and identifying ghost cities in China with emerging geographical data[J]. Cities，2017（63）: 98-109.

[3] LONG Y. Redefining Chinese city system with emerging new data[J]. Applied Geography，2016，75: 36-48.

[4] Sun K，Hu Y，Ma Y，et al. Conflating point of interest（POI）data: A systematic review of matching methods[J]. Computers，Environment and Urban Systems，2023，103: 101977.

[5] WENG Q. Thermal infrared remote sensing for urban climate and environmental studies: Methods，applications，and trends[J]. ISPRS Journal of Photogrammetry and Remote Sensing，2009，64（4）: 335-344.

[6] 邝嘉恒，邹群勇. 接驳地铁站的共享单车时空均衡性分析与吸引区域优化 [J]. 地球信息科学学报，2022，24（7）: 1337-1348.

[7] 刘冰，曹娟娟，周于杰，等. 城市公共自行车使用活动的时空间特征研究——以杭州为例 [J]. 城市规划学刊，2016，229（3）: 77-84.

[8] 龙瀛，张宇，崔承印. 利用公交刷卡数据分析北京职住关系和通勤出行 [J]. 地理学报，2012，67（10）: 1339-1352.

[9] 龙瀛. 街道城市主义 新数据环境下城市研究与规划设计的新思路 [J]. 时代建筑，2016，148（2）: 128-132.

[10] 骆惊，申立，苏红娟，等. 经济普查数据在城市总体规划中应用的探索与思考 [J]. 上海城市规划，2015（6）: 27-31，60.

[11] 钮心毅，林诗佳. 城市规划研究中的时空大数据：技术演进、研究议题与前沿趋势 [J]. 城市规划学刊，2022，272（6）: 50-57.

[12] 钮心毅，王垚，刘嘉伟，等. 基于跨城功能联系的上海都市圈空间结构研究 [J]. 城市规划学刊，2018，245（5）: 80-87.

[13] 王垚，钮心毅，宋小冬. 基于城际出行的长三角城市群空间组织特征 [J]. 城市规划，2021，45（11）: 43-53.

[14] 张书杰，李文竹，龙瀛，等. 基于多年街景图片的城市街道步行设施改善评价——以中国 45 个城市为例 [J]. 城市发展研究，2022，29（6）: 53-64，73.

第6章　新技术方法

传感器和物联网技术的发展带动了数据自采集的热潮，让随时获取高时空分辨率的城市空间数据成为可能。基于新的高频、高密、高维的数据环境，衍生出一系列新的城市分析方法，通过与城市空间的智能交互，智能应对城市问题，试图用人工智能更好地感知、认知和模拟城市空间，发现信息巨变下的新的城市科学。

本章将依据"新的城市科学"中对数据的处理流程，按数据感知与采集、数据处理与分析、模拟与优化的顺序，梳理近年来出现的面向这三个应用阶段的新技术方法。

19 课件：城市感知与数据采集

6.1　城市感知与数据采集

城市的感知与数据采集，可以看作是感知和获取城市物理空间和人类活动信息的技术的集合。被感知的城市对象包括多个尺度和多个方面（图6-1），从宏观层面城市的土地覆盖和土地利用、建筑物、道路，到微观的车辆或

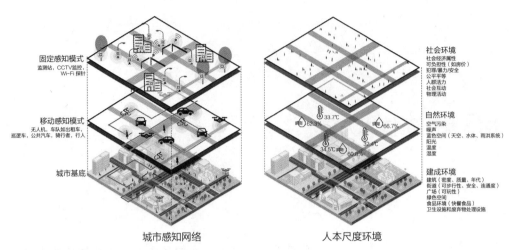

图 6-1　城市感知体系
来源：https://www.beijingcitylab.com/（2023-03-31）

个人。可感知到的属性包括静态对象，如建筑物及其几何和其他特性，以及动态对象，如车辆的轨迹和速度。城市感知可以获得空间、时间和属性数据，这些数据可用于城市分析，并最终助力城市服务和城市治理。

　　近年来，随着传感技术的发展和计算能力的提高，城市数据感知与采集的技术方法得到极大拓展。下面将从城市的建成环境、自然环境以及社会环境（社会群体与个人）展开，介绍针对不同环境的数据感知与采集新技术及其在城市中的研究或实践应用。

6.1.1　主动城市环境感知

　　传统城市环境的感知方式以固定感知（Stationary Sensing）为主，主要指基于固定设备的感知，包括运用监控摄像头、固定监测站等设备。但固定感知存在许多问题：由于设备成本高，布设密度稀疏，因而数据的空间分辨率较低；同时其以固定的时间间隔自动采集数据，数据时间分辨率同样有限；此外常应用于建筑物室内或自然环境中监测特定数据，难以准确反映多变的城市复杂环境。高时空分辨率的城市环境数据，可以精细刻画城市环境特征和变化，越来越多被新城市科学所关注。微电子机械系统技术、无线通信和数字电子技术的最新发展，也使得低成本、低功耗、多功能的传感器节点的开发成为可能。

　　主动城市环境感知是一种自下而上的综合方法，用于大规模、低成本地获取信息并揭示人本尺度的环境特征，它建立在以需求为导向和基于传感器的数据收集和相关分析的基础上，以更好地了解城市中的建成、自然和社会环境。主动城市环境感知技术主要通过移动感知，即基于移动设备的感知，用较少的设备收集大范围的高频的城市数据。下面介绍两种具有代表性的主动感知城市环境的技术方法：移动感知采集街景技术，传感器集成采集技术。

（1）移动感知采集街景技术

街景图片已被广泛用于评价城市街道空间环境，针对图片数据的处理分析方法也已成熟。但商业街景存在覆盖率不高、拍摄视角与非机动车视角不同（商业街景多为机动车视角）等问题，因此有必要通过移动设备采集街景。如将 GoPro 设备搭载于出租车的侧门外或自行车车把上，进行街景采集。

而移动感知采集街景的数据采样频率和空间颗粒度，由基础街道网络的拓扑结构和配备传感器的代理的移动模式等因素共同决定。一般考虑两种移动载体，包括雇佣载体和固定路线移动的载体（如公共汽车、垃圾车等）。针对雇佣载体，需为其规划路线进行移动。多采用中国邮路算法（Chinese Postman Problem），即找到一条最短的封闭路径或回路，至少访问一次混合类型街道网络的每个边缘。具体采用 ArcMap 的网络分析工具即可实现。对于固定路线移动的载体，观察空间即为主体周期性轨迹覆盖的范围。此方法可以降低代理人的雇佣成本，但其采集数据的时空精度和范围受到载体的限制。未来基于共享经济的蓬勃发展，众包移动传感（Crowdsourced Mobile Sensing）有望实现参与者规模的指数级增长，有助于实现高空间和时间数据覆盖。如共享单车、出租车、共享私家车等。

（2）传感器集成采集技术

为收集一套全面的人本尺度的建筑、自然和社会环境数据，有赖于单个传感器或组装的一体式传感器箱，搭载在移动主体（如自行车、车辆和无人机）和固定主体（如 5G 基站、灯杆、墙壁和树木）上（图 6-2）。如城市象限团队研发集成温度、湿度、噪声、$PM_{2.5}$、PM_{10}、CO_2、O_3、NO_2、SO_2、CO、甲醛以及压力等高精度传感模块[1]。清华同衡规划设计研究院创新中心团队主导研发[2]City Grid 集成传感器可利用传感器网

---

① 城市象限 . 环境移动监测体系建设 [EB/OL].（2022-05-09）. http：//www.urbanxyz.com/sj/12-project-hjydjctxjs/x.html.

② 极海 . 城市精细感知物联网 CITY RID[EB/OL].（2022-05-09）. https：//blog.geohey.com/cheng-shi-wu-lian-wang-an-li-citygrid/.

图 6-2　基于城市物联网的便携式多模块移动环境感知
来源：http://www.urbanxyz.com/sj/12-project-hjydjctxjs/x.html（2023-03-31）

络监测人车流量及环境质量，包括利用小区出入口的视频监控，实现人车流向识别、流
量计数及机动车车牌号识别等。实时回传的环境数据不仅方便城市治理者对环境问题进
行实时监测，通过对环境数据的时空分析还可以帮助城市治理者发现环境问题发生的
规律，进一步对问题发生趋势进行研判。

6.1.2　社会群体环境感知

　　北京大学的刘瑜教授是国内"社会感知"（Social Sensing）技术概念较早的提出
者，他将"社会感知"描述为"借助各类地理空间大数据研究人类时空行为特征，并进
而揭示其背后的社会经济现象的时空分布格局、联系以及演化过程的理论和方法"（Liu
et al.，2015）。社会群体感知可包括两方面的含义：一方面，每个人都在活动的过程
中不自知地产生了数据，并一定程度上反映了其对环境的认知以及其社会和经济属性，
这类数据包括公交卡刷卡数据、社交媒体数据、监控摄像头产生的视频数据等（本书
第 5 章中对该类数据进行了详细介绍）；另一方面，每个人也有机会成为传感器类的主
动数据产生终端，对自身或城市环境进行测度，比如通过穿戴式设备、眼动仪等。下面

将重点介绍可开展社会群体数据感知与采集的设备及方法。

（1）打猎相机 / 延时摄影设备

打猎相机利用红外感应器触发拍照，当有热源的物体（动物、人等）进入红外监控相机的红外感应区域时，通过透镜及传感探头，红外监控相机的感应模块会让相机启动完成抓拍，快速将移动的物体感应拍照及录制视频。打猎相机可以替代或补充监控视频数据，使用深度学习等方法对图片中的人群或其他建成环境要素进行识别并进行后续分析，如对城市公共空间的人群活动进行具体地精细化描绘。

（2）Wi-Fi 探针

Wi-Fi 探针技术可以监测到一定范围内（一般为 25m）开启 Wi-Fi 的智能手机或其他如笔记本电脑等终端的媒体存取控制地址（Media Access Control Address，MAC）、抓取到 Wi-Fi 信号的时间、信号的强弱等信息，具有高精度空间分辨率和时间频率的特点，能在开放空间实现精准定位。在人人都有智能手机的当下，智能设备可以有效代表人群个体，且具有不涉及隐私数据也不需额外携带设备，减少对研究对象的行为干扰等优势（李力等，2021）（图 6-3）。因此，该方法可以较方便地用来获取人流的活动范围、时间、强度等，描绘人的行为轨迹。比如利用 Wi-Fi 探针技术描绘城市公园中的人群游憩时空分布，进而得出人群游憩偏好特征，以支持空间设计（沈培宇等，2020）。但为防止技术滥用，近年来手机操作系统中逐步加入了 MAC 地址随机算法，导致该技术对真实 MAC 地址的抓取准确性降低。

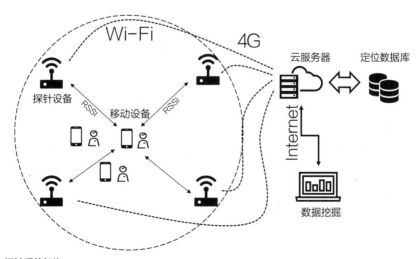

图 6-3 探针系统架构
根据（李力等，2021）改绘

（3）树莓派

树莓派（Raspberry Pi）是英国树莓派基金会开发的微型单板计算机，最初目的是以低价硬件及自由软件促进发展中国家教育事业的基本计算机科学教学。现已发布多个版本，Raspberry Pi 4 TYPE B 于 2019 年 6 月底发布[①]。但由于其低成本、模块化和开放式的设计，在支持计算机科学教学之外，树莓派已被广泛地应用于诸多科学研究领域，也包括感知采集城市运行中的数据，并支持数据驱动式的城市精细化治理。

树莓派以其低能耗和移动便携的特性，能支撑灵活的应用开发。如基于树莓派的智能停车系统，用树莓派搭载多个摄像头，周期性捕获现场车位的图像信息，经过图像识别后判断出车位是否被占满。传感器得出空闲车位的数量后，联网将这一信息传回服务器，便能将车位数据返回给查询的用户，实现智能停车（图 6-4）。

图 6-4　基于树莓派的智能停车系统
来源：Jabbar W A et al.，2021

（4）穿戴式设备

穿戴式设备包括各类可直接穿在身上或是整合到用户的衣服或配件的便携式设备，如智能手环、智能手表等。它们是连接人和环境的钥匙，是移动互联网、物联网时代的关键接口。因其可以利用人机交互记录佩戴者的身体状态（如心率）、使用情况（如步数、GPS 定位）和使用环境（如相机），被越来越多地用于人本尺度的环境数据采集和研究中（图 6-5）。常用轻薄便携式设备如 iON SnapCam Lite、ATLI EON 等。

可应用穿戴式相机研究不同环境要素（如城市绿化）的暴露程度（Zhang et al.，2021）。微软 API 被用来识别穿戴式相机拍摄的个人图像中的城市绿化标签，包括"花""森林""花园""草""绿色""植物""场景"和"树木"。通过计算所有拍摄的图像中城市绿化标签的频率来评估每个人对城市绿化的暴露。利用个人大数据采集，为研究城市人本尺度环境贡献新的研究视角（图 6-6）。

---

① 树莓派．https：//www.raspberrypi.com/．（2022–05–09）．

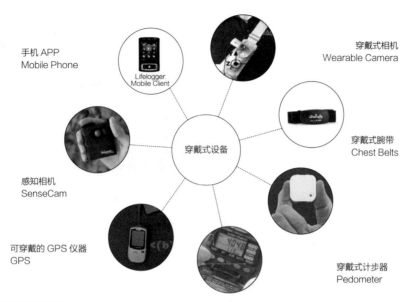

手机 APP
Mobile Phone

Lifelogger
Mobile Client

穿戴式相机
Wearable Camera

穿戴式腕带
Chest Belts

感知相机
SenseCam

可穿戴的 GPS 仪器
GPS

穿戴式计步器
Pedometer

穿戴式设备

图 6-5　穿戴式设备集合
来源：作者自绘

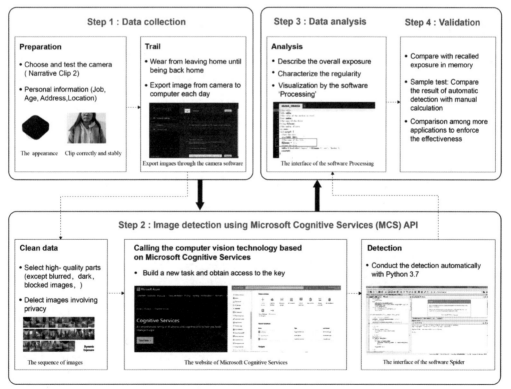

图 6-6　采用穿戴式设备评估个人的绿色暴露
来源：Zhang et al.，2021

（5）眼动追踪设备

眼动追踪设备可以记录人眼球的客观运
动，可达毫秒级的追踪响应，并基于瞳孔位置
判断人的注视点，能够精准捕捉人对环境的快
速认知和加工。其可帮助研究者直观理解受试
人员从空间要素到行为决策的视觉认知过程，
因此近年来已在人因评价、环境体验等领域得
到了越来越多的应用。如利用眼动追踪技术进

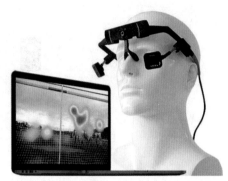

图 6-7　EyeSo Glasses 头戴式眼动仪产品[1]

行现场试验，基于小样本还原行人在特定建成环境中的行为和视觉认知过程，有助于塑
造具有特色感受的景观空间（陈奕言等，2022）（图 6-7）。

（6）在线研究法

在线研究法是通过互联网收集数据的研究方法，常见的方法包括网络志
（Netnography）、在线问卷调查、网络实验等。在线问卷调查是把传统调查分析方法在
线化、自动化，已有研究证明在线问卷调查所收集到的数据质量水平与传统面对面调查
相似，并可以方便、快捷地收集人群意见，促进公众参与（赵杨等，2019）。

在线问卷调查网站一般支持问卷在线编辑和发放，并具备简单的统计分析和问卷结果
可视化等功能。除去问卷调查，还可采集公众的开放式意见。如某基于微信小程序的公众
参与互动平台，公众可以通过扫描二维码进入，并对不同地点的各类设施和空间（过街设
施、步行空间、儿童活动空间等）留下改进意见[2]，带有地理位置坐标、详细问题描述和明
确改善建议，后续可进一步结合地理信息和语义挖掘技术，多角度解析公众诉求。某小程
序收集公众对公共服务的意见和建议[2]，或将手机拍摄的照片、视频和对应的地理位置统
一上传到服务器，交由计算机视觉程序，自动化识别并给出空间化的信息统计结果[3]。

20 相关文献：李文越
和龙瀛 2021 西部人
居环境科学学刊_建
成环境暴露

21 课件：城市数据处
理与分析

① EyeSo Glasses 头戴式眼动仪产品介绍 .http：//www.eyeso.net/porduct/Glasses/computer.html.（2022-05-09）.

② 路见 PinStreet.https：//www.pinstreet.cn/.（2022-05-09）.

③ 某社区调查系统 . http：//pro.urbanxyz.com/index.htm.（2022-05-09）.

6.2　城市数据处理与分析

对于城市感知数据，需要进行清洗、处理、分析，才能从中获得有价值的信息，以服务城市治理与决策。城市感知采集到的多源城市空间数据往往是异构的，分为结构化数据（如通过数字表示的时间、空间属性数据）和非结构化数据（如文本、语音、图片、视频数据），而传统城市研究受限于技术水平，多建立在结构化数据或小规模、经过一定结构化处理的非结构化数据上，对城市相关精细化的非结构化数据利用度不足。近年来，借助深度学习等先进算法和前沿方法模型，对非结构化数据进行大规模的处理与计算成为可能，同时对于传统结构化数据，研究者也能依靠大数据的整合和多源数据的融合，挖掘出更深层次的信息乃至知识。

本节将首先介绍机器学习技术，并重点介绍机器学习领域下的深度学习技术，随后引出围绕它们构建的非结构化数据处理分析技术（以"计算机视觉"和"自然语言处理"两个应用场景为代表），最后介绍对传统结构化数据进行深入挖掘的技术应用（包括城市网络分析、时空数据挖掘等），探讨上述新兴的数据处理、分析与挖掘技术在城市科学研究和城市规划设计中的应用机遇。

6.2.1　机器学习（Machine Learning）与深度学习（Deep Learning）

机器学习是计算科学领域的一个分支，属于人工智能的范畴。它旨在分析并解释数据的模式和结构，以实现自主学习、推理和决策等行为，而无需人工干预。新数据环境下，每个不同城市间有大量结构一致的开放数据，例如手机信令、出租车轨迹等结构化数据和街景图像、社交媒体图文评论等非结构化数据。基于机器学习的数据分析工具，一方面，可以对其中的结构化数据进行快速处理且具备复用性，能代替人进行部分繁琐的、重复性的调研分析工作；另一方面，也可以对大规模的非结构化数据进行解析，结合多元数据综合分析判断，发掘出传统方法难以感知的深层信息。

深度学习是机器学习中一类包含多层次非线性变换的学习方法，它以深层次的人工神经网络为架构，模拟人脑的行为对大量资料（尤其是图像）进行特征学习。在深度学习的逐层预训练算法中，首先采用无监督学习方式[①]进行网络每一层的预训练，然后再

---

① 机器学习算法依据"样本是否有人工标签"可被分为无监督学习和监督学习：无监督学习不需要人工标注的样本，算法仅根据数据隐藏的结构和特征自行学习；而监督学习需要预先经过人工标记的样本，机器对样本进行预测输出，通过比对预测结果和人工标记结果进行训练，实现学习过程。

通过监督学习（BP 算法）微调预训练好的网络，以此达到更好的识别或检测效果（周飞燕等，2017）。

和传统机器学习方法相比，深度学习可以直接对非结构化数据进行处理，自动提取特征，对人工数据预处理依赖更小——例如，假设有一组宠物照片需要按"猫""狗""仓鼠"等分类，深度学习算法可以确定哪些特征（如耳朵）对区分每种动物最重要，而在经典机器学习算法中，这种特征的层次结构需要先由人类专家手动建立。而且，相比于机器学习中经典的浅层次结构模型（如支持向量机等），深度学习凭借其多层架构的优势弥补了其在处理图像、视频、语音、自然语言等高维数据方面表现的不足，在提取物体深层次结构特征方面更有优势（郑远攀等，2019）。

常见的深度学习模型包括深度神经网络（Deep Neural Networks，DNN）、深度信念网络（Deep Belief Networks，DBN）、深度强化学习（Deep Reinforcement Learning，DRL）、循环神经网络（Recurrent Neural Networks，RNN）、卷积神经网络（Convolutional Neural Networks，CNN）:DNN 是深度学习模型最基本的架构，它是一个具有一定复杂程度的多层神经网络，通过采用复杂的数学建模方式处理数据，广义上其余几类常见模型也均属于 DNN 范畴；DBN 是一种生成性图形模型，也是一类深度神经网络，由多层隐藏层组成，各层之间有连接，但每层内的单元之间没有连接；DRL 结合了强化学习和深度学习，强化学习是一个通过不断试错做出最终决定的过程，而 DRL 将深度学习纳入解决方案，允许算法从非结构化的输入数据中做出决定，而不需要对状态空间进行人工处理；RNN 是一种使用顺序数据或时间序列数据的神经网络，通常用于顺序性或时间性的问题；CNN 是一种特殊类型的神经网络，它至少在其中一个层中使用卷积来代替一般的矩阵乘法，最常见于图像分析应用中（刘建伟等，2014；焦李成等，2016；郑远攀等，2019）。

借助上述模型算法各自的特点及使用情境，深度学习催生了人工智能众多细分领域的新兴技术，从多个角度为城市科学研究和城市规划设计带来了新的机遇：首先，它强大的图片解析能力为计算机视觉领域带来巨大突破，使其能够用于提取各尺度城市信息，例如通过处理遥感影像和街景图片等实景照片，识别城市边界与各类功能区、土地使用情况、建筑轮廓与高度、建筑功能乃至人车流量等；其次，它解译文本的能力也推动了自然语言处理技术的发展，使研究者可以从社交平台的点评、帖子等各种形式的文字信息中分析公众情绪、判断行为偏好、感知社会活力；最后，借助在分析顺序数据和时间序列数据方面的优势，它还为城市土地开发与使用、城市交通等方面的模拟提供了支持；另外，它突出的自我学习与迭代能力，让基于已有文本与图纸的规划设计方案自动生成与优化也成为现实。

6.2.2　计算机视觉（Computer Vision）

相比于传统的抽象的统计数据，图像数据更有利于城市三维空间的直观展现，而且其中蕴含着更多的关于城市社会、经济、文化变迁的细节信息，因此备受城市研究者和设计师们的重视。然而，图像数据的解析与信息提取一直是研究难点，传统方法只能通过人工研判手段，对小规模的影像数据进行处理、挖掘和转译。随着机器学习算法的发展，面向图像数据处理与分析的"计算机视觉"技术于 20 世纪 70 年代开始出现，经过五十余年的发展已成为一门涉及计算机科学、应用数学、统计学、认知科学等的综合性学科，也是当前人工智能研究的热点领域。并且计算机视觉已经被越来越多地应用于城市图像分析中，形成一个具有巨大潜力的跨学科研究领域。

近几年，机器学习以及相关的深度学习方法在视觉任务上的应用进一步表现出了强大的能力，并取得了令人瞩目的成绩。计算机视觉研究的基本内容是对图片信息的客观信息的识别提取，而近年来计算机视觉领域也开始越来越多地关注图像美学品质、内容风格、难忘程度等主观认知课题。与这一趋势类似，最新的一些城市研究也更多地涉及城市环境审美评价（Liu et al.，2017）、人对城市环境的感知（Salesses et al.，2013）、城市和建筑风格（Xu et al.，2014）（图 6-8）等主题，形成计算机视觉与城市研究的交叉领域（刘伦等，2019）。

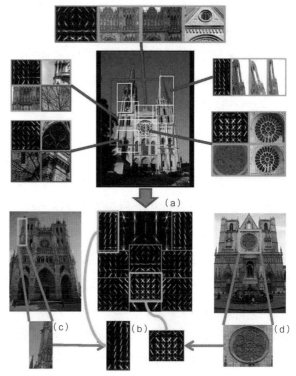

图 6-8　在建筑风格分类中使用 DPM（Deformable Part-Based Model）
来源：Xu et al.，2014

6.2.3　自然语言处理（Natural Language Processing）

文本数据也属于典型的非结构化数据，以传统"自然语言处理"方式对其进行解析，往往只能停留在视文字为结构化符号的词频分析，或进行人工理解与转译的小样本统计分析层面。近年来，凭借机器学习和深度学习模型赋能，自然语言处理已经开始显示出在分析大量文本数据方面的潜力。目前，计算机虽然尚不能像人类那样真正理解文本中的所有含义并进行推断，但已经可以从高维文本中检测、提取和总结有用的信息。

自然语言处理中目前较为常用的模型包括隐含狄利克雷分布（Latent Dirichlet Allocation，LDA）和基于变换器的双向编码器表示技术（Bidirectional Encoder Representation from Transformers，BERT）。LDA 是一种主题模型，可以将文档集内每篇文档的主题按照概率分布的形式给出，而且作为一种无监督学习算法，它在训练时不需要人工标注的训练集，而仅需要文档集以及指定主题的数量 k 即可。在文本主体识别、文本分类、文本相似度计算和文章相似推荐等方面，LDA 都有应用。BERT 是 2018 年末由某歌公司开发的预训练语言模型，它所采用的变换器（Transformers）架构是一种双向深度的神经网络模型，能够同时考虑上下文信息，感知能力和并行性更强，和传统 RNN 模型相比在文本处理任务中展现了更高的速度和准确率；同时作为无监督学习的预训练模型，他对于不同任务场景只需要进行微调就能应用于具体业务，具有很强的迁移学习能力。BERT 模型凭借这些优势，被广泛用于文本分类、情感分析、句子关系判别、翻译、问答系统等自然语言处理任务中。

在城市研究领域，学者们也越来越多地利用自然语言处理的力量来分析多源文本数据，例如对各类社交网络中的评论语句进行采集、汇总、分析，识别其中的关键信息，并将其对应到城市空间中。早期的研究多是对社交媒体上公众发布的文本信息进行分析：如有研究使用带有地理标签的 Twitter 数据，采用情绪分析、CNN 模型和 LDA 主题模型反映佛罗伦萨飓风期间的态势感知，结合人口统计数据从社会公平的角度解读邻里公平对灾难态势感知的影响，有助于提升灾后应急处理能力和更公平地建设韧性城市（Zhai et al.，2020）；还有研究将语义分析应用于带有地理标记的 Instagram 帖子和标签，以可视化公众对城市空间的感知，捕捉城市特征。

目前互联网可以下载到许多数字化的国内外规划案例文本，新的技术使得对这些高维文本的收集和探索性、比较性定量分析成为可能，机器学习研究人员开始利用自然语言处理全面"阅读"和比较许多大型文本文档内容的方法（Fu et al.，2022）。有研究也使用了 LDA 模型来提炼加州 461 个城市的总体规划中的主题，并研究这些主题之间的关系（Brinkley et al.，2014）。还有研究关注规划研究论文，对美国最有代表性的三本综合性规划期刊在过去 30 年发表的所有文章进行文本挖掘，总结规划领域的主要研究主题并追踪其演变趋势（Fang and Ewing，2020）。

6.2.4　城市网络分析（Urban Network Analysis）

不仅非结构化数据处理领域涌现了颠覆性的技术手段，在传统结构化数据的挖掘问题上，也出现了方法革新，以传统空间几何数据为基础的城市网络分析就是其中一个典型例子。城市网络分析是一种针对"关系"的剖析方法，建立在由节点与连线所架构出的结构化的"网络数据"上，而且这种网络关系不仅面向城市物理空间，还延展到了社会空间。城市网络分析以"图论"为理论基础，最初将网络应用于城市的相关研究，主要起源于对"流的空间"的理解（Castells，1996），以电信传输流、航空客流、互联网、企业网络等各项网络数据为研究对象。近年来，随着全球化和 ICT 的兴起，人类社会交往愈加频繁，加剧了城市空间格局的演替与网络的复杂程度，城市网络研究也因此得到了更广泛的关注。

分析复杂网络结构有众多测度指标，比如距离、连通度、密集度和同质度等，而在城市网络分析中，最常用的指标之一是"网络中心性"。常见的测度网络中心性的方法包括邻近性、中介性和直达性三类。邻近性是用给定节点到道路网络中所有节点的最短网络距离来衡量，反映该节点在网络中与其他所有节点的接近程度，邻近性值越大，表示该节点在整个网络中越趋于中心位置。中介性指网络中某一节点承担任意两个节点的最短路径经过该点的数量比例之和，中介性较高表示节点在网络中具有高流量值，承担桥梁或交通节点等功能。直达性指给定节点到所有网络节点的欧氏距离与实际网络地理距离的比值，用来衡量两节点间最短路程路径与直线路径的偏离程度。两者比值越接近 1，代表直达性值越大，交通效率越高。

一般而言，城市网络相关研究可以分为城市间网络关系，以及城市内部网络关系。城市间的网络关系研究最著名的是全球化及世界城市研究网络（Globalization and World Cities Research Network，GaWC），它是英国拉夫堡大学研究全球化背景下世界城市之间关系的团队，从 2000 年开始每 2 或 4 年会更新一次世界城市的排名，共分为五个大类（Alpha，Beta，Gamma，High Sufficiency，Sufficiency）。还有研究关注到了中国多区位企业组织所形成的城市间网络关系，基于全国企业名录的"总部—分支机构"关联数据，构建了 330×330 个的地级单元城市网络，分析发现中国城市网络联系的结节性空间差异性显著、呈现小世界网络效应和"富人圈"现象等（吴康等，2015）。内部网络关系研究中，有学者采用智能卡和家庭旅行调查数据分析北京居民的通勤特征，结果发现在北京，公交车用户的理论最低通勤量要比汽车用户低得多（Zhou et al，2014）。

6.2.5   时空数据挖掘（Spatio-temporal Data Mining）

时空数据融合与挖掘是城市数据统计分析的研究热点，现代科技背景下产生的手机数据、轨迹数据、社会媒体数据、自发地理信息（VGI）、物联网、电商、公交刷卡、智能水电气表数据等，是含有位置信息的细粒度实时数据，其在时间上的累积进而产生时空数据。对这些时空数据的分析引起了分析理论与方法的变革，对传统空间数据统计分析方法提出了重大挑战，并依赖于高性能计算机和良好的算法。

在技术与方法上，时空数据主要借助云计算与协同计算、时空数据挖掘与机器学习，以及融合了空间统计学和时间统计学的时空统计学等，从大量低价值数据中提取一些高价值信息。时空数据挖掘主要有两个主题：一是探索时空规律，二是探测时空异常，在空间、时间和时空三种视角以及全局和局部两种尺度上呈现。围绕这两个主题，可以引申出如下三类研究方向：第一个是时空点模式与过程，由定位设备、移动通信等记录的各类移动对象的活动轨迹具有空间位置、时间等信息，可以把这些对象抽象为点数据，进而分析其时空模式和过程；第二个是流分析，许多应用如物联网、网络点击、视频监控和传感器等产生的各种数据持续不断地从一个地方传输到另一个地方，流分析的目的是从连续数据流中提取隐藏的信息或知识；第三个是异常值探测，探测的异常值包括全局异常、条件异常和群体异常三类，例如在地球科学领域，通过卫星或遥感等收集的大量关于天气模式、气候变化或土地覆盖模式的时空数据，其中的异常现象可以帮助我们洞察人类活动或环境演变的可能原因（赵勇，2018）。

22 课件：城市模拟与
优化

6.3 城市模拟与优化

6.3.1 典型微观城市模型

（1）基于元胞自动机的城市模型

元胞自动机（Cellular Automata，CA）是一个基于二维空间网格的、时间上也离散的动力系统，其基本思想是通过简单的转换规则模拟复杂的空间结构演变（田达睿，2019），它主要由元胞、元胞状态、邻域和转换规则等部分组成。元胞可以代表任何尺度的对象，其下一时刻的状态在转换规则的约束下，取决于自身状态和邻域元胞状态。基于 CA 的模拟模型具有表现空间复杂行为的优势，特别适合于城市扩展、土地利用变化、林火蔓延等复杂情景的模拟。

早期的城市 CA 模型主要用于探究城市的增长机制，研究城市形态及演化过程等问题（Couclelis，1997）。近年来，许多学者将其应用在城市扩张、土地利用模式分析、城市增长边界划定等的模拟预测上，为城市规划的真实场景提供了参考。

应用 CA 模型的一类典型研究是关于城市增长边界及空间形态方面的模拟。Clark 和 Gaydos 利用根据 CA 模型建立的 SLEUTH 模型，对美国旧金山湾和华盛顿—巴尔的摩地区进行了城市增长远景模拟（Clark and Gaydos，1998）。龙瀛等开发的北京城市空间发展分析模型（BUDEM）基于 Logistic 回归和 MonoLoop 集成的方法获取元胞的状态转换规则，对 2049 年的城市空间形态进行了不同约束条件下的情景模拟（龙瀛等，2010）。

另一类典型研究是关于城市土地利用演变的模拟。Liu 等（2017）提出的基于 CA 及"自适应惯性竞争机制"的未来土地利用变化情景模拟模型（FLUS）常被这一类研究用作基本模型，用于预测未来土地需求、模拟各土地类型的适应性分布概率、判断未来用地类型的转换。近年来，FLUS 模型较多地被用于与"双评价"结果相结合进行未来城市空间模拟，如罗伟玲等提出将"双评价"结果与 FLUS 模型相耦合，划定城镇开发边界，城镇拓展以此为依据避开资源环境承载力超载区、在城镇空间适宜性较高的区域发展（罗伟玲等，2019）。王家丰等基于 FLUS 模型研究了轨道交通对城市土地格局的影响，证明了 FLUS 模拟的各情景下的未来土地利用格局能为规划和政策调整提供可信的空间数据（王家丰等，2020）。

（2）基于多智能体的城市模型

多智能体系统（Multi-Agent System，MAS）是计算机模拟的一种类型，以计算机智能体（Agent）代表现实世界的个体，模拟智能体之间以及智能体与环境之间的持续互动。相较群体领域传统的静态视角的实证研究模式，MAS 不仅能够打破样本规模和研究周期等诸多限制，还能更加准确和生动地揭示自下而上的群体涌现现象及其动态变化过程——研究者需要在模型中设置一定数量的智能体，并根据研究需要赋予智能体特定的认知能力、情感特征、资源禀赋以及判断流程和行动模式，伴随着智能体不断重复"外部认知、策略判断、展开行动"的过程，高层次的复杂群体现象逐步涌现。在城市群中观维度下，MAS 体现出更好的鲁棒性和灵活性，在基于计算机技术的交通仿真中逐渐被重视，特别是在应急、疏散仿真等研究中得到了广泛的应用。

城市居住分异模型是基于 MAS 进行城市建模的最早尝试，通过模拟城市微观居民主体的自组织过程，探讨城市居民的居住分异现象（Schelling，1969）。此后的研究和实践中，基于多智能体系统的土地利用变化模型形成并得到广泛应用，如黎夏等在引入多智能体的 CA 模型基础上，耦合了地理模拟和空间优化模型，构建了地理模拟优化系统，用于模拟、预测和优化空间结构和功能的动态演化过程（黎夏等，2009）。

MAS 还可以帮助定量分析个体决策行为对整体系统的影响机制，理清个体间相互作用和影响的逻辑，从而辅助规划决策。例如刘小平等结合 MAS 建立了居住区位空间选择模型，探索和模拟了居民在居住区位选择过程中的复杂空间决策行为（刘小平等，2010）。日本金泽大学的沈振江团队依托一个面向养老日护理中心空间分布模拟的MAS，探索了基于微观个体行为的仿真模拟在规划方案的生成与决策过程中发挥的作用，并探讨了模拟模型的构建机制（马妍等，2016）。

随着多智能体模型研究的深入，多智能体系统逐渐从单一发挥作用，向与元胞自动机、地理信息系统等技术结合的方向发展，为城市复杂系统的模拟和分析提供了由整体到个体、从宏观到微观的建模思路和手段。

6.3.2　城市模拟与发展预测

仿真模拟研究城市现象的问题在于其数据和抽象后的规则与复杂的真实城市世界存在差距，微观模拟和宏观模拟之间的机理难以弥合，城市的复杂性制约了城市研究的深度。而随着个体行为数据采集深入，算力的提升等，多尺度多时空城市模拟与发展预测成为可能。

微观层面，将时空大数据与智能技术相结合，构建城市量化模型并推演人群时空分布，是未来城市研究的重点发展方向之一。对城市人群的空间分布模型和规律的研究结合机器学习技术可有效提升人群时空分布模拟及预测的精度，以支持城市管理和决策。杨俊宴等将手机信令数据所反映的人群时空分布与建成环境特征（如建筑形态、土地利用、道路交通业态 POI 数据）转化为图像，从而将序列性预测问题转换为图的预测问题，利用卷积神经网络（CNN）方法预测人群分布（杨俊宴等，2022）。

而在宏观城市形态和土地利用层面，机器学习技术已应用于对城市生长规律和城市空间规律的发掘，并有望引领城市规划走向继"理想导向型""问题导向型"后的新一种规划思路，即"规律导向型"。吴志强团队已通过对上万个城市的卫星图像进行建成区识别，构建出"城市树"概念，并归纳出城市的发展类型（吴志强，2018）。

在宏微观结合层面，数据驱动与基于大规模城市模拟仿真平台拓宽传统建模城市演化规律的统计物理模型，为城市宏观演化发展规律从人类微观移动行为中涌现的内在机理，建立了连接个体移动行为与城市演化规律的理论桥梁，使得在城市研究与治理中考虑与微观城市居民行为的相互作用成为可能（Xu et al.，2021）。

6.3.3 设计方案的智能生成与优化

在传统设计工作中，设计师对场地现状进行调研分析，依据地块要求布局设计方案，并对生成的方案进行模拟辅助决策优化生成最终设计方案，过程中存在许多重复性、机械性、与硬性指标相矛盾并且反复调整难以协调的工作内容。随着计算机相关技术的发展成熟，学界业界在不断探索人工智能辅助设计师工作，减少重复劳动，寻求直接生成设计方案的可能性。

在快速生成设计模型方面，于 2008 年首次商业发布的 CityEngine 三维建模程序，使用程序性建模（Procedural Modeling）方法，自动产生建筑的布局以支持创建详细的大型三维城市模型，并已被广泛应用于城市规划、游戏开发、考古等领域；Grasshopper（简称 GH）是一款在 Rhino 环境下运行的采用程序算法生成模型的插件，与传统建模工具相比，其优势在于可以编写逻辑算法，使计算机根据拟定的算法自动生成模型，从而提高建模速度和水平。

在快速生成设计方案方面，满足较为单一的设计目的和规范条件下，已有较多的智能化设计探索，如居住区规划设计方面日照标准和地块容积率要求是较为单一的目标，设计者通过遗传算法、多目标优化算法、多智能体模型、元胞自动机、语法规则等生成居住区规划方案。但仍存在算法自身局限性，优化周期过长，实际地块需考虑的条件更加复杂等问题（孙澄宇等，2019）。

　　基于案例推理的设计（Case-Based Reasoning，CBR）可以模拟设计师的思维过程，即对大量既有方案进行收集、存储和分析，形成设计经验和参考案例库。唐芃等人在罗马历史地段设计中通过从地块和建筑关系出发在二维层面对地块储存多个属性标签（如地块编号、建筑面积、容积率、形状特征、长宽比等）针对性调取案例库中相似案例，植入案例并进一步迭代优化直至逼近地块的预设目标，从而达到自动重构和织补空间肌理（唐芃等，2019）；深圳小库科技[①] 已将"卷积神经网络"（Convolutional Neural Network，CNN）、"生成对抗网络"（Generative Adversary Network，GAN）（图 6-9）、"强化学习"（Reinforcement Learning，RL）等作为技术基础对居住区案例进行基于案例平面图的训练学习，并对给定基地进行案例迁移生成强排方案设计，并实时审核规范间距、日照通过率并自动统计指标数据。但现有的图像学习方法从结果出发，对建筑群设计的内在机理理解不足，并且难以弥合"自下而上"和从城市总体出发的"自上而下"的控制导向设计逻辑等（杨俊宴等，2021）。杨俊宴等

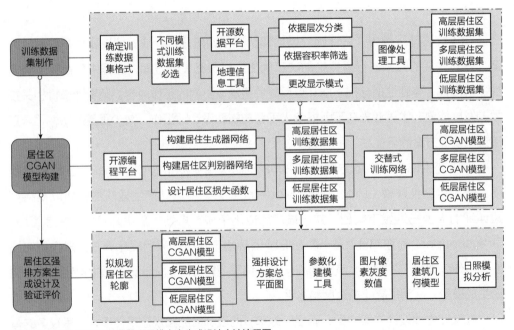

图 6-9　基于 CGAN 的居住区强排方案生成设计方法流程图
来源：丛欣宇，2020

---

① 深圳小库官方网站 . xkool. https: //www.xkool.ai/.（2022-05-09）.

（2021）综合进化算法、适应性算法和有监督深度学习、逐级交互设计等人工智能方法，构建出"匹配—生成—反馈"逐级智能化设计技术流程，进化算法通过植入各类约束条件（如规范标准和经验等）为地块生成道路网和步行网，适应性算法构建街区案例库，监督学习构建决策树匹配合适的案例，并最终通过人机交互，如 VR 交互沙盘等，实现设计师对方案的即时调整。

在快速生成设计方案表现方面，Ye 等人利用 Pinterest 网站总体规划渲染图作为训练集构建模型为单色线稿设计方案生成彩色方案效果图（图 6-10），以降低设计师的人力劳动，并更快速地对方案进行设计修订（Ye et al.，2022）。

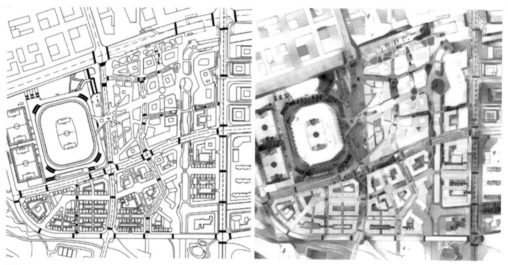

图 6-10　AutoCAD 设计输入文件（左图）和机器学习自动生成输出文件（右图）
来源：Ye et al.，2022

23 相关文献：龙瀛
2021 教材 _ 城市模型
原理与应用

6.4　本章小结

本章介绍了在机器学习、物联网与互联网、云计算等技术支持下，城市研究的技术方法取得的新进展。可以看到数据感知与采集方面已拓展了采集对象范围并提高了采集精度和效率，数据处理与分析则帮助我们探索城市中的新现象背后的深层逻辑、模拟与优化则对城市发展规律和设计方案进行模拟与优化。

　　新数据环境与新技术方法支撑的"新的城市科学"正带领我们更深刻地认知和理解城市。但仍需意识到技术只是工具，它无法替代研究者对城市现象的发现、思考和解释。我们利用技术，却不能成为技术的"傀儡"，不能盲目期待科技向善，成为技术决定论的拥护者，一切技术运用均需建立在我们对城市的认识之上。

24 课后习题

▌本章参考文献

[1] BRINKLEY C，STAHMER C. What is in a plan? Using natural language processing to read 461 California city general plans[J]. Journal of Planning Education and Research，2021：0739456X21995890.

[2] CASTELLS M. The rise of the network society[M]. Oxford：Blackwell，1996.

[3] CLARKE K C，Gaydos L J. Loose-coupling a cellular automaton model and GIS：Long-term urban growth prediction for San Francisco and Washington/Baltimore[J]. International Journal of Geographical Information Science，1998，12（7）：699-714.

[4] COUCLELIS H. From cellular automata to urban models：New principles for model development and implementation[J]. Environment and Planning B：Planning and Design，1997，24（2）：165-174.

[5] FANG L，EWING R. Tracking our footsteps：Thirty years of publication in JAPA，JPER，and JPL[J]. Journal of the American Planning Association，2020，86（4）：470-480.

[6] FU X，LI C，ZHAI W. Using natural language processing to read plans：A study of 78 resilience plans from the 100 resilient cities network[J]. Journal of the American Planning Association，2023，89（1）：107-119.

[7] JABBAR W A，WEI C W，AZMI N A A M，et al. An IoT Raspberry Pi-based parking management system for smart campus[J]. Internet of Things，2021，14：100387.

[8] LAU K H，KAM B H. A cellular automata model for urban land-use simulation[J]. Environment and Planning B：Planning and Design，2005，32（2）：247-263.

[9] LIU L，SILVA E A，WU C，et al. A machine learning-based method for the large-scale evaluation of the qualities of the urban environment[J]. Computers，Environment And Urban Systems，2017，65：113-125.

[10] LIU X，Liang X，Li X，et al. A future land use simulation model（FLUS）for simulating multiple land use scenarios by coupling human and natural effects[J]. Landscape and Urban Planning，2017，168：94-116.

[11] LIU Y，LIU X，GAO S，et al. Social sensing：A new approach to understanding our socioeconomic environments[J]. Annals of the Association of American Geographers，2015，105（3）：512-530.

[12] SALESSES P，SCHECHTNER K，HIDALGO C A. The collaborative image of the city：Mapping the inequality of urban perception[J]. PloS one，2013，8（7）：e68400.

[13] SCHELLING T C. Models of segregation[J]. The American Economic Review, 1969, 59 (2): 488-493.

[14] Xu F, Li Y, Jin D, et al. Emergence of urban growth patterns from human mobility behavior[J]. Nature Computational Science, 2021, 1 (12): 791-800.

[15] XU Z, TAO D, ZHANG Y, et al. Architectural style classification using multinomial latent logistic regression[C]//European Conference on Computer Vision. Zurich: Springer, Cham, 2014: 600-615.

[16] YE X, DU J, YE Y. MasterplanGAN: Facilitating the smart rendering of urban master plans via generative adversarial networks[J]. Environment and Planning B: Urban Analytics and City Science, 2022, 49 (3): 794-814.

[17] ZHAI W, PENG Z R, YUAN F. Examine the effects of neighborhood equity on disaster situational awareness: Harness machine learning and geotagged Twitter data[J]. International Journal of Disaster Risk Reduction, 2020, 48: 101611.

[18] ZHANG Z, LONG Y, CHEN L, et al. Assessing personal exposure to urban greenery using wearable cameras and machine learning[J]. Cities, 2021, 109: 103006.

[19] 陈干, 闾国年, 王红. 城市模型的发展及其存在问题[J]. 经济地理, 2000 (5): 59-62, 71.

[20] 陈奕言, 陈筝, 杜明. 注意力的设计——眼动追踪技术辅助下的上海市南京路步行街景观体验研究[J]. 景观设计学, 2022, 10 (2): 52-70.

[21] 丛欣宇. 基于 CGAN 的居住区强排方案生成设计方法研究[D]. 哈尔滨. 哈尔滨工业大学, 2020.

[22] 焦李成, 杨淑媛, 刘芳, 等. 神经网络七十年: 回顾与展望[J]. 计算机学报, 2016, 39 (8): 1697-1716.

[23] 黎夏, 李丹, 刘小平, 等. 地理模拟优化系统 GeoSOS 及前沿研究[J]. 地球科学进展, 2009, 24 (8): 899-907.

[24] 李力, 张婧, 方立新. 低精度 WiFi 探针数据采集分析方法研究——以街区尺度环境行为研究为例[C]// 黄艳雁, 肖衡林, 邹贻权. 智筑未来——2021 年全国建筑院系建筑数字技术教学与研究学术研讨会论文集. 武汉: 华中科技大学出版社, 2021: 631-636.

[25] 刘建伟, 刘媛, 罗雄麟. 深度学习研究进展[J]. 计算机应用研究, 2014, 31 (7): 1921-1930, 1942.

[26] 刘伦, 王辉. 城市研究中的计算机视觉应用进展与展望[J]. 城市规划, 2019, 43 (1): 117-124.

[27] 刘小平, 黎夏, 陈逸敏, 等. 基于多智能体的居住区位空间选择模型[J]. 地理学报, 2010, 65 (6): 695-707.

[28] 龙瀛, 毛其智, 沈振江, 等. 北京城市空间发展分析模型[J]. 城市与区域规划研究, 2010, 3 (2): 180-212.

[29] 龙瀛. 城市模型原理与应用[M]. 北京: 中国建筑工业出版社, 2021.

[30] 罗伟玲, 吴欣昕, 刘小平, 等. 基于"双评价"的城镇开发边界划定实证研究——以中山市为例[J]. 城市与区域规划研究, 2019, 11 (1): 65-78.

[31] 马妍, 沈振江, 王珺玥. 多智能体模拟在规划师知识构建及空间规划决策支持中的应用——以日本地方城市老年人日护理中心空间战略规划为例[J]. 现代城市研究, 2016 (11): 28-38.

[32] 沈培宇, 胡昕宇. 基于 WiFi 探针技术的公园游憩偏好分析与优化[J]. 中国城市林业, 2020, 18 (5): 57-60.

[33] 孙澄宇, 宋小冬. 深度强化学习: 高层建筑群自动布局新途径[J]. 城市规划学刊, 2019 (4): 102-108.

[34] 唐芃, 李鸿渐, 王笑, 等. 基于机器学习的传统建筑聚落历史风貌保护生成设计方法——以罗马 Termini 火车站周边地块城市更新设计为例[J]. 建筑师, 2019 (1): 100-105.

[35] 田达睿. 复杂性科学在城镇空间研究中的应用综述与展望[J]. 城市发展研究, 2019, 26 (4): 25-30.

[36] 王家丰, 王蓉, 冯永玖, 等. 顾及轨道交通影响的浙中城市群土地利用多情景模拟与分析[J]. 地球信息科学学报, 2020, 22 (3): 605-615.

[37] 吴康, 方创琳, 赵渺希. 中国城市网络的空间组织及其复杂性结构特征[J]. 地理研究, 2015, 34 (4): 711-728.

[38] 吴志强. 人工智能辅助城市规划[J]. 时代建筑, 2018 (1): 6-11.

[39] 杨俊宴, 史宜, 孙瑞琪, 等. 基于卷积神经网络的城市人群时空分布预测模型——以南京为例[J]. 国际城市规划, 2022, 37 (6): 35-41.

[40] 杨俊宴, 朱骁. 人工智能城市设计在街区尺度的逐级交互式设计模式探索[J]. 国际城市规划, 2021, 36 (2): 7-15.

[41] 赵杨, 李雄, 赵思融. 基于互联网数据的公园使用者满意度多指标综合评价集成——以上海襄阳公园为例[J]. 中国城市林业, 2019, 17 (2): 60-65.

[42] 赵永. 空间数据统计分析的思想起源与应用演化[J]. 地理研究, 2018, 37 (10): 2058-2074.

[43] 郑远攀, 李广阳, 李晔. 深度学习在图像识别中的应用研究综述[J]. 计算机工程与应用, 2019, 55 (12): 20-36.

[44] 周飞燕, 金林鹏, 董军. 卷积神经网络研究综述[J]. 计算机学报, 2017, 40 (6): 1229-1251.

第 3 篇　　　　　　　　　　新城市的科学

海量多元的城市数据在为城市提供新的研究数据源的同时更反映出城市个体生活方式的变化与随之改变的城市空间使用方式，在互联网、人工智能、智能制造等新兴技术的深刻影响下，新城市的变革主要包括新技术对空间的直接干预以及对城市中人的生活方式的改变，这进而影响城市空间组织和功能结构。

科技革命对城市生活的影响主要体现在个体、群体和生产服务几个方面，高度渗透的互联网使人的个体被数字化，人的行为由线下转向线上线下融合，而人的活动呈现时间碎片化、活动多样化的特点。网络生活中建构的网络社会使群体摆脱了时空限制，彼此交流更加紧密，进而催生了共享方式，使生产服务呈现扁平即时的特点。

科技革命对城市空间的影响是缓慢而潜移默化的，城市空间的利用方式将变得灵活化、多元化，空间分布分散化、去中心化，而智能制造、无人驾驶等新技术也将直接对城市空间产生作用。

本篇从上述这两个影响路径出发，第 7 章将介绍技术变革下个体、群体和生产服务三个层面发生的变化，总结社会经济层面的新规律，第 8 章将从城市的几类功能出发介绍功能和空间的变化，展示其在物理空间上的投影。

第 7 章　新日常生活与社会组织

第四次工业革命所产生的一系列新技术如大数据与云计算、移动互联网、混合实境等，使每个人的日常生活方式愈发数字化、时空灵活化且类型丰富化，从而促进了人与人之间交流方式与频率的变化，使人群更加社群化和网络化，社群结构在这个过程中不断演变。在此背景下，不同群体的社会分工也得以重塑，形成新的社会经济组织形式，进而使生产及服务更加扁平化、即时化与智能化（图 7-1）。

本章将聚焦新城市下个体生活的变革，进而展示个体新的行为习惯导致的社会群体的结构演变，再梳理作为社群活动环境的城市本身在生产与服务方面的迭代与更新，从三个层面逐级详细展开，介绍新兴技术对从个人日常生活到城市服务的影响方式、相关科学研究进展与未来发展趋势。

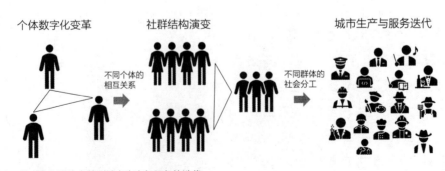

图 7-1　从个体与群体变革到城市生产与服务的迭代
来源：作者自绘

25 课件：个体生活
变革

7.1　个体生活变革

7.1.1　个体生活变革现象

（1）活动形式的数字化程度提升

随着信息与通信技术（ICT）的发展，互联网尤其是移动互联网渗透率提升，深刻改变了人们的行为习惯和衣食住行。第 50 次《中国互联网络发展状况统计报告》显示，截至 2022 年 6 月，我国网民规模达到了 10.51 亿，互联网普及率达到了 74.4%，网民使用手机的比例达到了 99.6%，使用台式电脑、笔记本电脑、平板电脑和电视上网的比例分别为 33.3%、32.6%、27.6% 和 26.7%[1]。即时通信、搜索引擎、在线支付、网络新闻、远程办公、网约车、在线教育、在线医疗、网络购物、网络游戏、网络视频（含短视频）、网络音乐、网络直播等在线活动方式丰富了人们的日常生活，人们活动形式的数字化程度逐年提升，涵盖了娱乐、购物、办公、交通等需求。活动形式的数字化程度提升既体现在用户比例的提升，也反映在线上日常生活维度的丰富、用户在线活动时间的增长和自媒体影响力的扩散中。截至 2022 年 6 月，我国网民人均每周上网时长为 29.5 个小时[1]。北京城市实验室与某音合作的研究显示，在北京五环内某音平台线下打卡的一个视频平均得到了线上 6750 多次观看、点赞、评论和转发。由此可见，人们日常生活已逐渐与数字化生活深度绑定、互相交织。

（2）个体活动的时空灵活性增强

个人日常生活数字化程度提升的一个重要特征就是个体活动的时间与空间灵活性的增强。在以往的工业革命中，交通技术和通信技术的发展使人们跨越时空限制，增大了日常活动中时间与空间维度的跨度。移动互联网与智能移动设备的出现进一步打破了物

---

① 中国互联网络信息中心. 第 50 次中国互联网络发展状况统计报告 [EB/OL]. (2022–05–09). http：//www. gov.cn/xinwen/2022–09/01/content_5707695.htm.

理边界的桎梏，随着个人生活的数字化程度增强，人们的日常行为由线下转至线上，个体时间使用日趋碎片化，日常活动日益丰富，摆脱了与特定场所的简单线性关系。

具体而言，个人日常活动的时空灵活性增强体现在居住、工作、休闲与出行等各个方面。就居住而言，"在线、即时、送货上门"的服务使人们居家便可享受购物、学习、教育、医疗等多种需求，与传统日常居家相比，人们能在一室之内进行各种丰富的活动，具有更大的时空灵活性。

对于工作而言，越来越多与信息技术相关的工作岗位和在线办公技术（如在线会议、远程办公等）让人们从特定的办公时间与地点中解放出来，使人们工作的时空灵活性提升。而在家办公、第三空间办公、共享办公等办公空间的多元选择改变了传统两点一线的出行方式，多种办公模式并存，象征着从"以办公室为中心"逐渐向"以个人为中心"转变[①]，这有望缓解职住分离的城市空间问题，减少了人们日常不必要的通勤。

休闲娱乐方面，使用短视频平台、视频软件进行在线娱乐增加了人们的休闲娱乐方式，使人们越来越多地进行摆脱时间与空间束缚的在线休闲娱乐，云旅游、云展览等也突破了以往特定类型娱乐需要特定类型空间载体的限制。另一方面，消费作为休闲的另一种形式，从线上转为线上线下结合，出现的消费自助化和虚拟消费的方式更加普及，让人们无需受空间的限制进行消费。

从出行方面看，共享出行、微出行极大缓解了城市通勤问题与最后一公里问题，出行选择更多样化、完善化、自由化，而无人驾驶车辆的出现及其与移动服务、移动空间的结合更是解放了传统出行的驾驶环节，使人们将时间投入到办公、休闲娱乐等活动中。

个体生活数字化程度不断提升与日常活动灵活性的增强为更好满足人们的需求并进行更细致的社会感知研究创造了条件。一方面，随着人们日常生活数字化程度的增加，人们越来越多地在网络上留下数字足迹。这些自动产生的数据能够用于优化人们获得的在线服务。另一方面，人们在互联网上主动留下的评论、点赞等交互信息也附加了更多的线下信息，如进行交互的空间位置等，进一步形成了较为完整的社会感知时空大数据，在社会感知数据中，每个个体都扮演着感应器的角色（Liu et al.，2015）。

---

① 36氪.从「以办公室为中心」到「以个人为中心」——当混合办公走进企业 [EB/LO].（2022-05-09）. https://mp.weixin.qq.com/s/cZ0LYR3Xc-LmDejygVAZBg.

（3）数字自我的形式丰富

在日常活动数字化程度提升带来人们日常生活体验重构的同时，科技发展也为人们认识自我、数字化日常生活提供了工具支持。当前各类可穿戴式设备，如智能手环、智能手表等，其本身具有较强的实用功能而被人所青睐。而由于此类设备可以利用人机交互记录佩戴者的身体状态（如心率）和活动情况（如步数、GPS 定位），被越来越多地用于记录和数字化人们的日常生活，监测身体健康情况及睡眠质量，提升人们的生活质量。

7.1.2　个体时空活动重塑研究

（1）线上线下活动形式特征及关联

伊娃·图林（Eva Thulin）等人（2018）将个体行为分为前台活动（Foreground Activity）和后台活动（Background Activity）两层，用以描述数字化的日常活动在注意力分配上的分层，体现了活动形式数字化之后的多任务、平行活动的特征（李春江等，2022）。其中前台活动指个体主要注意力集中的活动，可以是线上活动也可以是线下活动[①]；后台活动指个体投入注意力相对较少的活动，是平行于前台活动发生的活动，主要以线上活动的形式存在。整体来看，前台活动在线上及线下空间整体上是连续的，后台活动则呈现出比前台活动中的线上活动时间更长、频次更高的特征（图 7-2）。

除了对线上线下活动形式数字化特征的总结，相关研究还关注个体线上及线下活动之间的关系，大致可以分为四个方面（Mokhtarian et al., 2006）。"替代"（Replacement）：ICT 为线下活动提供可替换的线上活动，从而减少人们的线下出行。"补充"（Supplement）：新兴的基于 ICT 的活动拓展了活动形式和内容，补充了原来的活动。"作为介质的促进"（Facilitation）：ICT 作为媒介刺激并促进人们去新地点开展活动。"时空间再分配"（Reallocation）：ICT 影响人们的活动决策和标准，对活动的时空间进行再分配。

（2）数字化生活的外部性

数字化生活的外部性首先体现在对个体活动产生的影响上，个体活动在数字化背景下的时空灵活性得以提升。线下活动基于人的物理活动属性，因此是时空间连续的，而

---

① 线上活动指借助互联网的活动，线下活动指身体正在进行的物理活动。

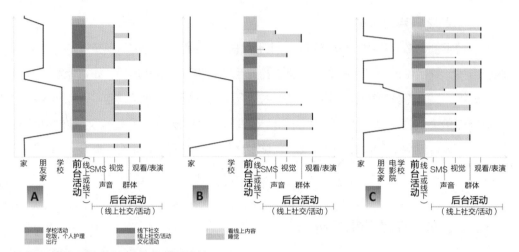

图 7-2　管理后台和前台活动的典型策略案例
（A）始终重叠出现的；（B）有纪律管控的；（C）不断与在线朋友联系
来源：根据 Thulin and Vilhelmson，2018 改绘

线上活动基于 ICT 跨时空连接的属性则是时空间不连续的（Starikova et al.，2021），呈现出碎片化或破碎化的特征。因此，以时间为切片时，线上及线下的同步活动呈现复合化与多任务的特征，而线上及线下异步活动则表现为线上活动对线下活动的替代、促进或分配作用，提升活动的时空灵活性（Mokhtarian et al.，2006）。

与此同时，个体生活的数字化为基于人的时空行为及其环境暴露的研究提供了新的研究数据及方法，为精细时空尺度的个体研究提供了新的视角。如佩戴可穿戴式相机，记录人们日常接触的建成环境，通过人工审计与虚拟审计结合的方式对每日图片中的要素进行识别，根据图片要素对场景的延续和转换进行划分，完成对时间点、时间段、地点和行为的识别，以得到个体每日的活动轴（图 7-3）[1]。根据图片中要素出现的次数、连续性和时间顺序体现出各类活动的时间分配和活动频率。也可根据图片的时间、地点信息解析个体活动和生活的路线，如一周中活跃地点和停留时间、日常活动半径及各类活动的出行路径和出行频率（李文越等，2021）。还可根据图像的深度学习识别事物、环境的暴露情况，从个体层面研究人面对屏幕时间长度以及时间的碎片化程度，探究人们面对面的社交活动、室内室外空间的使用情况（Zhang et al.，2021）。

---

[1] Archdaily. 第八届 2019 深港城市 \ 建筑双城双年展"城市之眼"板块，龙瀛："被跟踪，并快乐的一天"[EB/OL].（2022-05-09）. https://www.archdaily.cn/cn/919226/2019shen-gang-cheng-shi-jian-zhu-shuang-nian-zhan-cheng-shi-zhi-yan-ban-kuai-long-ying-zhuan-ti-bei-gen-zong-bing-kuai-le-de-tian.

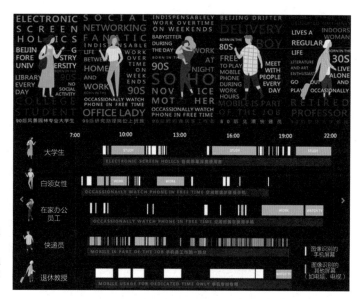

图 7-3　基于可穿戴式相机的屏幕碎片化研究
来源：根据第八届 2019 深港城市 \ 建筑双城双年展"城市之眼"板块内容改绘

长久以来，ICT 对居民时空行为影响产生的负外部性也是研究人员关注的重点（申悦等，2011）。总体而言，在电子产品为生活带来了极大便利的同时，也使得一部分人过度关注数字生活而忽视现实的身体状况与周围环境，久坐的频率增加，缺乏体力活动，带来诸多身心健康的风险，如肌肉骨骼疼痛、睡眠障碍、听力受损、心脏病、视力问题、肥胖、糖尿病等身体问题（Fonseca et al.，2021）以及暴力、孤独、焦虑、抑郁等心理健康问题（Lim et al.，2021）。

26　相关报告：深港双年展

27　课件：社群结构演变

7.2　社群结构演变

在个体生活方式改变的基础上，新技术的影响使得人们之间的交往互动方式也产生了显著的变化，其重要的特点就是网络社会的崛起、平台经济与共享经济的蓬勃发展，使人们社交的连接方式与维度提升，其复杂程度与日俱增，并形成了新的认识与分析人与人之间社会关系的方法，使用但不拥有的思想也逐渐兴起。

7.2.1　社群结构演变现象

（1）网络社会的迅速崛起

从网络的视角来看，第一代互联网——有线互联网时代，是固定终端之间进行连接，人与人通过固定终端间接相连，因此人与人之间的社会网络与计算机互联网之间存在一定错位。第二代互联网——移动互联网，是基于移动终端的人与人之间的相连。虽然形式上只是将固定终端换成了移动终端，但"联系"的逻辑已经发生转变：每个网络节点背后不再是某个计算机网络上的节点，而是物理空间网络上某个具体的人。因此，移动互联网时代计算机网络与人所在的物理空间网络更加一致，因而线上与线下活动更加融合。当前各类社交媒体与视频平台均承载了社交属性，使人们在各个平台均具有延展与他人连接的可能性，人与人之间的社交距离被大幅缩短，很多天南海北甚至全球各地可能一生都无法在现实中见面的人被连接在一起。人们进行沟通所需的新技术也形成了新的网络，拓展了人与人之间拓展社会关系的外延，使人拥有更多互相连接的机会。

此外，人所处的社会关系从以往受地理限制较大的家庭、工作与邻居等关系快速扩展到基于兴趣、口味等更大的社会网络中，导致每个个体在网络中与他们的连接增多。而网络中连接总数的增加也进一步影响了网络的结构，使之呈现出更明显的极化，即社会网络中连接数较多的个人能够获得他人巨量的关注，形成远超以往的明星效应。这种现象促进了网络直播带货等新业态的兴起。此外，意见领袖的形成也对社会的稳定性造成了一定影响，使自下而上的社会运动更加容易组织，因此各国对网络舆情的关注度都大幅增加。物质层面，随着未来各种可穿戴设备与智能家具在人们生活中的重要性日益上升，这些智能设备构成的网络也将进一步增加网络的类型，与人们的社会网络互相耦合，促进其规模与复杂程度的快速发展。

（2）开放共享的城市生活

近几年，"共享"概念在城市运行的各个领域蓬勃发展，共享经济重新定义了人们的生活方式。初步估算，2021 年我国共享经济市场交易规模约 36881 亿元，从市场结构上看，其中生活服务、生产能力、知识技能的规模位居前三[①]。随着 ICT 驱动的第

---

① 国家信息中心. 中国共享经济发展报告（2022）[EB/OL].（2022-05-09）. http：//www.sic.gov.cn/News/568/11277.htm.

三方平台逐渐兴起，强调使用权而非所有权的共享经济支持按需分配，人们可以高效地重新分配或交换闲置物品、空间及个人知识经验。各式各样的耐用品——如住房、办公室、汽车、自行车、雨伞、充电宝等——以服务的形式提供给消费者。在当今的互联网时代，去中心化趋势日益显现，人们的生活方式也愈加多元。此外，在高速计算、物联网等技术的支持之下，不同群体的需求将得到演算及调整从而借助技术手段实现更高效、灵活、及时、低碳的资源分配、空间优化及服务。

在 ICT 的影响下，居住方式的共享化趋势尤其显著。居住的共享形式主要有两种，一是共享房屋（Shared Homes）或称共享住房（Shared Housing/Co-Housing），指共享一个房屋，即卧室被视为私人区域，而共用区域（例如厨房、浴室、客厅和洗衣房）则与租户共享；二是共享房间（Shared Room）或称房间共享（Room Sharing），其特征是多个人（没有社交关系）共享一间卧室。虽然第四次工业革命之前已有一般的房屋租赁或民宿等灵活的租赁形式，但新的 ICT 为共享居住所需的信息获取与信誉保障提供了极大便利，共享居住得到了快速的发展，某共享居住平台业务遍及 190 多个国家的 34000 多个城市 [①]。

目前在移动互联网技术与产品的助力下，办公空间共享化也成为趋势，传统办公方式逐渐转为传统办公、共享办公、协作 / 联合办公、远程办公多种办公模式并存。如 2020 年受新冠疫情影响，远程办公首次成为主要的办公方式，在线办公应用程序的使用量大大增加。随着技术的不断发展成熟，在线办公软件已能够支持语音通话、视频会议、共享屏幕、文档演示、电话回拨接入等功能，支持移动端、PC 端接入，支持手机和电脑间文件互传等，使人们能够突破集中化的办公模式，从传统"面对面"交流转变为线上远程办公和线下固定办公并行的模式，甚至抛弃实体工作室，完全脱离空间限制地实现全远程办公。同时工作方式转向更加依赖在线办公工具与协作平台，而办公场所也从"固定"的生产工具转为可"移动"的。这些新的工作模式将不可避免地导致办公空间设计的演变，或替代性工作空间的设计。共享办公空间被认为是为独立工作者提供"流动的工作环境"以及建立社交和建立社交联系的场所，在过去十年中呈指数级增长。从 2007 年最初报告的仅有 14 个共享办公空间，到 2021 年，全球共享办公空间的数量已增至 26300 个 [②]。

---

① Airbnb 官方网站 .https：//www.airbnb.com/.（2022-05-09）.

② 全球共享办公持续增长，联合办公逐渐进入盈利模式 [EB/OL].（2022-05-09）. https：//guangzhou.kbgok.com/news/4470.

近年来出行方式发生了较大的变化，共享交通与公共交通、慢行出行等多种出行方式结合，极大改善了人们的出行条件、降低了出行成本。共享出行包括共享交通工具和共享乘车服务。前者指的是共享使用的机动车及自行车等，包括共享汽车、共享摩托车、共享自行车等。其中共享汽车的出现既能提高车辆使用率，又能减少停车场的使用需求。相关研究显示，每辆共享汽车约能取代10~30辆营运车，无人驾驶还将进一步加剧这一趋势。后者则指的是让出行者能够根据需要短期使用的交通方式，包括拼车、按需乘车服务、公交等。未来随着无人驾驶得到进一步运用，将使私家车数量大大减少进而改变以私家车为主导的出行方式，从而导致私人和公共交通界限模糊化，使公交出行、共享出行地位提升，并将重构城市空间结构与形态。

7.2.2 网络社会与共享生活研究

（1）网络连接与共享生活特征

卡斯特尔认为社会结构与社会形态都受信息技术的影响，随着信息技术的深入应用，网络社会的产生也是一种社会必然。经济、文化、社会在流空间的影响下，信息技术给我们创建了一个新的空间：流动空间，更加容易产生"蝴蝶效应"，并通过时间的压缩改变活动的环节、节奏和次序的变化（Castells，1996）。其结果就是"小世界"现象愈发明显，如线下人与人的社会距离为六度分割，而社交媒体等社交网络中人们之间的社会距离已缩小到四度分割（图7-4），极大地拉近了人与人之间的距离。

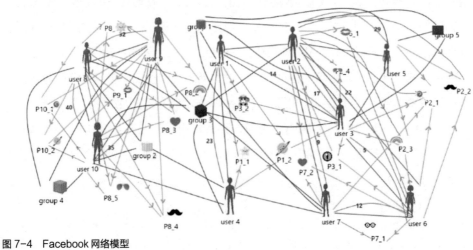

图7-4 Facebook 网络模型
来源：Lanel and Jayawardena，2020

共享生活的新特征主要体现在居住、办公与出行等方面，共享居住、共享办公与共享出行均因具有较高的经济、社会价值而在逐渐渗入人们的社会生活中。其中共享居住增加了居住选择的灵活性，使人们可以根据自己的收入与工作地点以灵活的方式满足住房需求（Zhu et al，2021）；共享办公具有更高的办公时间与空间灵活性，并能够降低办公的空间成本（Yu et al.，2019）；共享出行节约了居民和司机的时间成本，并能满足特殊情况大量增加的出行需求（Zhu et al，2021）。

针对共享居住的研究主要以特定共享居住平台为主，包括居住的定价、风格、区位特征、使用者偏好、房东偏好等诸多方面内容，研究显示共享居住在房源分布方面不均匀，受教育程度是影响共享居住平台房主参与度的最主要因素（Alizadeh et al.，2018），居住房源的定价受评论分数、房间特征和周边要素等因素影响，且房东提升自身房屋质量会对其他相似房源价格产生溢出效应（Lawani et al.，2019）。针对共享办公的研究通常关注工作性质及形式、人员互动方式、区位特征、雇员与雇主偏好、工作效率及产出等多方面内容，发现共享办公的形式可以增强从个人到全球范围的合作效率、促进自下而上的创新互动（Capdevila，2015），它可以与现有商业形式相融合成为可持续发展的业态，或与其他概念（如"加速器""孵化器"）结合为运营商提供独特的运营模式与风格（Fuzi，2015）。针对共享出行的研究关注经营模式、人们出行模式及偏好、与其他类型公共交通换乘、城市共享出行项目等方面的内容（Vecchio et al.，2019）。

（2）网络社会与共享生活的外部性

网络社会的形成为人们获取服务以满足需求提供了新的解决方案，从而扩展了人们可选择的生活方式并增加了工作的方式及内容，从而在社会层面拓宽了人们获取幸福生活的途径。此外，共享生活增加了社会整体的空间利用效率，使人们可以在不同时间出行，从而减少了人们的时间浪费，并降低了交通过程中产生的碳排放（Akande et al.，2020）。

网络社会的负外部性则主要表现为个体束缚于信息茧房与个体隐私泄露等社会问题中。美国哈佛大学法学院教授凯斯·桑斯坦（Cass Sunstein）于 2006 年在《信息乌托邦——众人如何生产知识》一书中提出"信息茧房"（Information Cocoons）的概念，用以描述大众因更容易获取自身感兴趣的信息而降低其他信息接触频率，进而逐渐受困于"信息茧房"的现象，反映了算法推荐与个性化服务对个人信息环境的制约，以及可能带来的对社会共识基础的侵害，引起群体极化与公众议题割裂等潜在社会问题

（Sunstein，2006）。而相关学者与机构也在积极研究、探索打破信息茧房的途径，以降低其对社会的潜在负面影响。

目前趋势显示，一方面，随着网络信息的数据量大幅增加，人们已经越来越难以通过主动检索的方式获取所需的全部信息，这种信息过载使人们对于算法推荐、网络评价的依赖逐渐加深，以减少误判的概率并节约时间。但这种对于他者进行信息筛选的依赖，容易导致自我判断力的丧失或被商家进行故意的信息引导。另一方面，由于个体能够接受的信息总量有限，在信息获取较为容易的当下，人们越来越倾向于仅接受自己喜欢的信息，而拒绝自己厌恶的观点与内容。这导致当下正形成的日益明显的信息茧房，且随着拥有相似观点与偏好的人群结成网络社群，其对社群之外的观点的接受程度逐渐降低。这一方面促进了信息茧房程度的加深，另一方面使社群的观点与信息更加极化与简单化（Kelly，2017）。

从社会治理角度，网络社会使人们在日常生活中或主动或被动地将隐私数据上传到政府、企业等在线平台中，并通过赋予平台使用自己隐私的权限来获得便利的服务，这使得人们泄露隐私数据的风险大幅增加。泄露的信息不仅可被用于对人们的敲诈、盗窃、诈骗，还可用于舆论、经济与军事对抗，增加了社会整体的不安全性。而为了抵消此种风险，社会层面管理隐私信息与监管信息使用的成本也大幅提升。

 28 相关文献：陈纯
等 2021 景观设计
学 _ 屏幕

 29 课件：城市生产
与服务迭代

7.3 城市生产与服务迭代

7.3.1 城市生产与服务迭代现象

（1）智能化、定制化的产品生产

随着 ICT 的发展，消费者自下而上的需求反馈促使制造商与消费者之间的联系更为直接、及时，从而可以根据实际需求进行智能化、定制化的产品生产，减少或消除中间商的作用。米切尔提出"先购买后制造"的概念，指出信息技术从根本上对产品生产和消费系统的重构，是一种按需供给的，全新的后工业时代的特征（Mitchell，2000）。规模化的定制生产相较于工业时代的非智能机器的标准化、重复性和规模生产的经济而言，能够体现智能自适应、自动个性化的精细化特征。

"客对厂"（Customer to Manufacturer，C2M）的概念用于描述基于社会网络服务（Social Network Services，SNS）平台以及商家对客户（Business to Consumer，B2C）平台的用户直接连接制造商的商业模式，即平台通过互联网大数据整合消费者的商品定制需求，然后向供应商发送生产订单，由于中间省去了品牌商、代理商和商场等中间渠道，产品几乎以批发价出售给消费者，因此该商业模式又称为"短路经济"。相较于传统商业模式，C2M 模式拥有个性化、低库存、低成本等特点，近年来已进入加速发展期，涉及衣食住行各个领域，满足消费者独特性的需求、更精准满足消费者的使用需求及自我个性化表达（甄杰等，2018）。

（2）即时性、精准化的在线服务

在个人的日常生活数字化与人群交往方式变化的同时，城市服务方式也产生了一系列变化，其中一个显著的特征为即时化。凯文·凯利（Kevin Kelly）曾指出："人们对于即时使用的欲望是难以满足的，即时性需要精确匹配与深层合作；人们的生活正在加速，唯一足够快的速度就是'立即'，而 ICT 倾向于将每一个事物都导向按需使用；按需使用的即时化更偏向使用权，而非所有权；同时人们所预期的事物处理方式也在由批处理模式向实时模式转变"（Kelly，2016）。技术依靠更加智能化的算法为居民提供更加多样的服务，实现对个体个性、实用性与即时性服务需求的满足（孔宇等，2022）。

居住方面，城市服务的即时化体现在线上居家服务的开展，即居民能够通过线上平台获取即时的上门服务，从而在家满足购物、办公、教育、娱乐、医疗与服务等多种需求。除了现在已经开展的如电子商务、线上零售业、外卖餐饮、生鲜 O2O、网约车、共享单车等商业服务，未来自助图书、远程医疗、网约护工、在线教育、养老服务等线上公共服务亦拥有广阔前景。物联网、3D 打印等技术的发展使人们可在家打印生活物资，使居住生活模式发生进一步变化。这些已经或即将发生的变化甚至可能会导致"居住"这一概念产生变化，如居住由单纯的栖息转化为个性化生活方式，并更加追求家庭与社群的连接。

政府服务方面，各类政务服务在线办理程序，通过"实人"与"实名"双重身份认证核验，实现居民在线办理公积金、社保、港澳通行证等日常服务，提高公共服务的便利性和满意度。未来政务服务将进一步通过自助办理和在线办理等方式，实现 24 小时"不打烊"和"只跑一次"的便捷服务。此外，政务亦有可能由数字化、信息化转向智能化发展，通过电子政务云平台、领导驾驶舱、政务服务网、政府门户网站、政务APP 等，辅助支持政府决策支持、应急管理、协同办公等，提升城市治理水平。

商业与休闲服务方面，随着科技的不断发展，"智能化"概念逐渐扩展至城市生活的各个层面。《某数字生活报告 2019》显示，线下人们的消费已呈现数字化，传统人际关系被数字产品重构，人们相互连接变得越发容易[①]。目前网络购物渗透人们的衣食住行，且仍保持高增长状态。目前网络购物发达使某东购物、"某团"等电子平台的交易规模大大提升。此外，商家使用直播技术进行近距离商品展示、咨询答复、导购等的新型服务方式吸引成千上万在线消费者，远超过线下促销活动。未来人们将更频繁且娴熟地在线下实体店和在线网店之间转换，购物模式转化为线上线下结合。人工智能、AR/VR/MR、物联网的发展使虚拟购物方式普及，人们将有可能在家中即可模拟到店购物。对于出行游玩与交通，人们通过信息搜索和在线交易，如借助线上媒体、网站、智能设备进行游憩目的地选择、出行路线规划，减少人们的出行成本并提升人们的出行体验。而在线下游览活动中，人们在街景图片和 3D 扫描的帮助下，进行线上博物馆体验等，增强人们的旅游体验，满足人们对于出游品质和新奇的感官体验的追求。随着 AR/VR/MR 等技术的进一步发展，未来线上技术与线下空间的结合将能够提升人们线下浏览、消费的体验水平，从而拓展实体空间的游览体验。

医疗服务方面，目前在线问诊提供了即时、便捷的远程服务。而未来随着可穿戴式设备的发展，人们可以使用智能体温计、智能手环、智能手表、智能戒指等穿戴式设备医疗产品进行日常检测，如在家化验血液。此外，人们可以在移动医疗 APP 上直接获得远程 AI 诊疗和引导，足不出户或就近到社区医疗中心即可进行常见病的普通问诊和网上购药。而在未来通过在线问诊、远程会诊、网购药物等实现普通疾病、慢性病的居家问诊和医疗将成为趋势，从而全面提升医疗服务的智能化。医疗智能化的另一特征为移动数字健康（Digital Health）管理，即利用穿戴式设备等医疗、健康产品建立个人健康云档案。通过智能体温计、智能手环、智能手表、智能戒指等可穿戴医疗设备和智能家用医疗器械录入自己的健康数据，建立个人电子病历和健康档案，并通过物联网和云技术将健康档案同步至云端，享有日常提供急救、慢性病管理和个人健康管理等服务。

---

① 腾讯研究院 . 数字中国指数报告（2020）[EB/OL].（2022–05–09）. https://new.qq.com/omn/20200926/2020 0926A058HF00.html.

而随着未来 5G+VR 远程观察及指导问诊系统、手术机器人、机器人护士等人工智能医生的发展与普及，AI 及深度学习将有望缩短医生之间的知识差距，实现医疗算法化，能够帮助平衡地域间医疗资源。

教育方面，在线教育拓展了教育的影响范围，同时由于节约了出行的经济及时间成本，提升了教育服务率及教学质量，促进以学生为中心的自主学习、创造性学习环境的构建和协作学习。通过 MOOC、某讯课堂、某度云智学院等线上教育网站，教师可线上直播课程或开展线上线下混合教学，实现多媒体教学、在线教学、混合式教学等多种创新模式教学。学生的学习方式转向线上线下结合，实现居家学习和交流。未来 VR/AR/MR、认知计算、高级机器人技术、脑科学等信息技术将与教育进一步融合，成为未来教育创新的强大驱动力，通过诸如 3D 打印的技术可将图表或抽象的数学模型、复杂的地质结构等立体地呈现，使学生能够更直接地了解教学中难以展现的物体或者概念，更好地培养学习兴趣、消化深奥知识，使教育逐渐由在线化、商业化向智能化方向转变。此外，教育方式从传统的"以知识为中心"转向"以人为中心"的个性化教育，突破固定时间地点的教育模式，使人们可以根据各自需要，在自由的时间、多样化空间、以多种方式进行学习，实现"泛在学习"与"终身学习"。基于 AI 的自适应学习技术可突破现有在线学习采用的线性学习模式，自动检测学生的学习水平和状态，不断调整学习方案和进度，为学生提供个性化、差异化教学。未来将实现一人一张课表，随时调整内容。

金融服务方面，我国已几乎步入"脱现金社会"，人们使用微信、支付宝等依托电商、社交媒体网站的第三方支付，使用现金的次数大大减少。而随着人脸识别支付、指纹支付等移动支付手段普及，未来基于区块链的支付方式将逐渐兴起，自动化、分布式算法不依赖第三中心方，能降低支付成本、缩短支付时间。分期支付、消费贷款等消费金融模式，使资金流更加自由，人们参与投资理财的物理成本与学习成本降低，可随时随地进行投资理财，进一步提升金融服务的智能化水平。

（3）扁平化、分布式的组织架构

新技术的发展对社会结构最直接的影响发生于就业端。随着第四次工业革命的到来，一方面，越来越多的人已经或即将从事全职或者兼职的非传统的线上工作，如共享司机、快递员、自由工作者等，其工作的时间和地点变得更加灵活。另一方面，部分知识工作者将成为"数字游民"，其工作地点不断从一个地方转移到另一个地方，工作者之间也将突破地理隔离而主要依靠无线数据和智能设备互相连接。由于 5G、VR 等数字设施能够为"数字游民"创造良好平台，越来越多的科技公司将拥有主要依靠"数字游民"的分散式工作团队。在未来，此类工作甚至有可能逐渐形成农业、工业、服务业阶层之外的第四阶层——创意阶层。在此阶层内，新的职业类型和创意工作领域在未来还将持续产生。

在任何历史转变过程中，系统变迁最直接的表现之一是就业与职业结构的转型，职业结构变迁是新社会结构降临的最强烈的经验证据（Castells，1996），因此企业的组织形式也在发生转变。随着就业单位生产效率的提高，企业组织形式将愈发弹性灵活，部分企业与员工间的"雇佣"关系会转化为"合作"关系，使企业从主要依赖内部全职职员解决问题，到寻求外协合作，分包给自由职业者，再到利用网络平台形成更加灵活的业务合作模式，企业将变成由全职员工和自由工作者组成的混合体。而权力集中的公司则有可能转化为形式不同的多个公司机构组成的分布式网络系统，单个公司可跨地域组织分散式工作团队协作（佐藤航阳，2021）。此外，未来的生产方式也可能产生变化，随着机器代人造成的生产方式变革，智能化的生产组织方式将促使生产制造转向工业机器人、信息系统与服务的融合，从而解放人力资源，提高劳动生产率。这三者将共同导致社会组织结构的扁平化，减少人与人之间的社会层级与距离。

7.3.2　智慧城市与智能生产及服务研究

（1）智慧城市背景下的智能生产及服务概念及特征研究

随着各类数字技术的不断发展，相关研究提出"数字城市"（Digital City）、"智能城市"（Intelligent City）、"知识城市"（Knowledge City）、"有线城市"（Wired City）等概念用以描述数字及信息技术对城市各方面的影响。针对智慧城市的研究逐年增多，多数研究将智慧城市的表现归纳到智慧经济、智慧环境、智慧政务、智慧生活、智慧出行、智慧人群六个领域（Camero et al.，2019）。

在对智慧城市概念、内涵、领域的讨论背景下，相关研究关注智能生产及服务的实现路径及物联网架构及其在解决城市问题、改变人的生活方式、改变人地关系、促进城市可持续发展、促进社会公平和分异、提高管理和服务精准度和效率、增强公众参与及社区凝聚力等方面的潜力（Lim et al.，2019）。

（2）智能生产及服务的外部性研究

一方面，针对各类智能生产与服务外部性的讨论层出不穷，相似的正外部性通常体现在智慧技术可以通过精准识别用户需求、长期获取用户情况、实施反馈等方式提升服务质量与效率，丰富生产与服务的形式，增加供给与需求的匹配程度，减少浪费的产生，增进社会公平。随着智慧城市的发展，原本需要依托于大量物理空间进行的城市资源配置可由虚拟空间承载，使智慧城市能够通过协同的方式以更加低能耗、高效率的方式完成社会资源的配置（周榕，2016）。总体而言，智能生产及服务减少了生产与服务的空间、时间制约，压缩了生产与服务的环节数量与流程所需时间，使其结构更加扁平化、即时化（Zhong et al.，2017）。

　　另一方面，相关研究也指出智慧城市的发展以及智能生产与服务的应用在引发失业浪潮、增加社会分异、导致地方贫富差距增大等方面的风险。智能生产带来的"机器换人"会带来新一波的失业浪潮，发达经济体会依托率先应用的智能生产及服务带来的智能化、即时化红利，进一步拉开与经济不发达的城市以及乡村的城市智慧化水平差距。与此类似，城市内部不同年龄与受教育程度的居民之间也存在使用智慧技术的差异，这会导致"数字鸿沟"的产生，从而使人们获取并享受智能服务的能力差异增大（莫正玺等，2020）。因此，对弱势群体的关注也逐渐成为针对智能生产及服务的讨论中的重要议题。

30 讲座课：时空间
行为研究

7.4　本章小结

　　本章分别从个体生活变革、群体结构演变及城市生产与服务迭代三个层级对第四次工业革命背景下的日常生活与城市服务的重塑进行了介绍。与此同时，本章也指出了新技术对日常生活和社群组织的负面影响，展现出新时代机遇与挑战并行的局面。

　　日益便捷的数字设施使人们日常生活数字化，重塑人们的时空观。共享居住/办公/出行、网络购物/在线教育/医疗等新形式的服务促进了人与人、人与组织的交互，并提升了工作、居住、服务等的效率。但与此同时，逐渐增长的屏幕使用时间也在影响人们的身心健康，抢夺传统城市空间对人的吸引力，产生日益严重的信息茧房，引发"数字鸿沟"等问题。

31 课后习题

▎本章参考文献

[1] AKANDE A, CABRAL P, Casteleyn S. Understanding the sharing economy and its implication on sustainability in smart cities[J]. Journal of Cleaner Production, 2020, 277: 124077.

[2] ALIZADEH T, FARID R, SARKAR S. Towards understanding the socio-economic patterns of sharing economy in Australia: An investigation of Airbnb listings in Sydney and Melbourne metropolitan regions[M]//Disruptive Urbanism. Routledge, 2020: 53-71.

[3] CAMERO A, ALBA E. Smart city and information technology: A review [J]. Cities, 2019, 93: 84-94.

[4] CAPDEVILA I. Co-working spaces and the localised dynamics of innovation in Barcelona[J]. International Journal of Innovation Management, 2015, 19 (3): 1540004.

[5] CASTELLS M. The rise of the network society[M]. Oxford: Blackwell, 1996.

[6] FONSECA A, OSMA J. Using information and communication technologies (ICT) for mental health prevention and treatment[J]. International Journal of Environmental Research and Public Health, 2021, 18 (2): 461.

[7] FUZI A. Co-working spaces for promoting entrepreneurship in sparse regions: The case of South Wales[J]. Regional studies, regional science, 2015, 2 (1): 462-469.

[8] KELLY K. The inevitable: Understanding the 12 technological forces that will shape our future[M]. New York: Penguin, 2017.

[9] LANEL G H J, JAYAWARDENA H. A study on graph theory properties of on-line social networks[J]. International Journal of Scientific and Research Publications, 2020, 10 (3): 9929.

[10] LAWANI A, REED M R, MARK T, et al. Reviews and price on online platforms: Evidence from sentiment analysis of Airbnb reviews in Boston[J]. Regional Science and Urban Economics, 2019, 75: 22-34.

[11] LIM Y, EDELENBOS J, GIANOLI A. Identifying the results of smart city development: Findings from systematic literature review [J]. Cities, 2019, 95: 102397.

[12] LIM W, LAU B T, CHUA C, et al. A Review: How does ICT affect the health and well-being of teenagers in developing countries[C]//Proceedings of Sixth International Congress on Information and Communication Technology. Singapore: Springer, 2022: 213-221.

[13] MITCHELL W J. City of Bits: Space, place, and the infobahn[C]. Cambridge: MIT Press, 1995.

[14] MITCHELL W J. E-topia: Urban life, Jim - but not as we know it[C]. Cambridge: MIT Press, 2000.

[15] MOKHTARIAN P L, SALOMON I, HANDY S L. The impacts of ICT on leisure activities and travel: a conceptual exploration[J]. Transportation, 2006, 33 (3): 263-289.

[16] STARIKOVA A V, DEMIDOVA E E. Analysis of youth activities in the digital age: Time-geographical approach[J]. Geography, Environment, Sustainability, 2021, 14 (1): 234-240.

[17] SUNSTEIN C R. Infotopia: How many minds produce knowledge[C]. Oxford: Oxford University Press, 2006.

[18] THILAKARATHNE N N. Review on the use of ICT driven solutions towards managing global pandemics[J]. Journal of ICT Research & Applications, 2021, 14 (3): 207-225.

[19] THULIN E，VILHELMSON B. Bringing the background to the fore：time-geography and the study of mobile ICTs in everyday life[M]//Time Geography in the Global Context. London：Routledge，2018：96-112.

[20] VECCHIO G，TRICARICO L. "May the Force move you"：Roles and actors of information sharing devices in urban mobility[J]. Cities，2019，88：261-268.

[21] YU R，BURKE M，RAAD N. Exploring impact of future flexible working model evolution on urban environment，economy and planning[J]. Journal of Urban Management，2019，8（3）：447-457.

[22] ZHANG Z，LONG Y，CHEN L，et al. Assessing personal exposure to urban greenery using wearable cameras and machine learning[J]. Cities，2021，109：103006.

[23] ZHONG R Y，XU X，KLOTZ E，et al. Intelligent manufacturing in the context of industry 4.0：a review[J]. Engineering，2017，3（5）：616-630.

[24] ZHU X，LIU K. A systematic review and future directions of the sharing economy：business models，operational insights and environment-based utilities[J]. Journal of Cleaner Production，2021，290：125209.

[25] 艾伯特 - 拉斯洛·巴拉巴西 . 巴拉巴西网络科学 [M]. 河南：河南科学技术出版社，2020.

[26] 孔宇，甄峰，张姗琪 . 智能技术对城市居民活动影响的研究进展与展望 [J]. 地理科学，2022，42（3）：413-425.

[27] 李春江，张艳 . 日常生活数字化转向的地理学应对 [J]. 地理科学进展，2022，41（1）：96-106.

[28] 李文越，龙瀛 . 建成环境暴露测度的方法转变——从基于固定居住地和 GIS 数据到基于个体移动性和影像数据 [J]. 西部人居环境学刊，2021，36（2）：23-28.

[29] 莫正玺，叶强 . 地理学视角下信息通讯技术与城市互动影响研究综述 [J]. 现代城市研究，2020，35（5）：10.

[30] 申悦，柴彦威，王冬根 .ICT 对居民时空行为影响研究进展 [J]. 地理科学进展，2011（6）：643-651.

[31] 尹罡，甄峰，汤放华，等 . 信息技术影响下的休闲行为：一个概念性分析框架 [J]. 地理与地理信息科学，2018，34（1）：53-58.

[32] 甄杰，严建援 . 在线个性化产品定制研究综述与展望 [J]. 重庆工商大学学报（社会科学版），2018，35（6）：12-21.

[33] 周榕 . 硅基文明挑战下的城市因应 [J]. 时代建筑，2016（4）：42-46.

[34] 佐藤航阳 . 财富的未来：技术变革时代的新经济体系与价值重塑 [M]. 殷雨涵，译 . 北京：中信出版社，2021.

第8章 新城市空间

第四次工业革命以及全球化潮流下，技术发展导致生产方式的变革以及生活方式的改变，进而推动了城市空间的重构；另一方面，数字技术也直接影响城市空间的效能和运行逻辑，进而重塑空间及功能，并产生新的空间模式与空间分布规律等。

本章将以城市的四大经典功能（居住、工作、交通、休闲）为框架展开，介绍各功能空间视角下新城市空间的国内外研究，挖掘各功能的新现象及空间模式的变化趋势，以期在理论层面认知城市各类空间的变革。

32 课件：新城市居住空间

8.1 新城市居住空间

8.1.1 新居住现象

（1）共享居住方式
在"共享经济"和"网络平台"的浪潮下，居住领域也出现了"共享居住"的新居住模式，其模式主要包括两类：即对居住空间的闲置时间资源共享和对闲置空间资源的共享。

对闲置时间的共享即短租共享居住平台，将居住空间的闲置时间通过互联网信息共享的途径出让给需要的人，房源主要来自个人房东。网络共享平台近年来激增，国内在2015 年颁布的《关于加快发展生活性服务业促进消费结构升级的指导意见》（国办发〔2015〕85 号）提出积极发展客栈民宿、短租公寓、长租公寓等满足广大人民群众消费需求的细分业态，诸多网络租房平台发展迅猛。

而对居住空间进行闲置资源共享的居住模式也称作"共享居住空间"（Co-Living Space），所谓"共享"指的是共享设施，包括客厅、办公间、茶水间、厨房、卫浴等，各个住宿项目的共享程度不一。如日本已有许多共享空间的居住模式，如"多代际共享居住"模式，即老年人将家中的房间租借给年轻人，两者共享空间、共同生活。年轻人可以通过为老人提供一定的生活服务来换取房租的减免，既可以减轻一定的社会养老负担，又可以减轻年轻人的住房压力，双方通过共享居住模式实现了共赢（常铭玮等，2017）。其他如荷兰、德国、西班牙等老龄化程度较高的国家，也都推出了类似的"青银共居"的社会住宅类型。

在我国，促进此类共享居住空间发展的因素包括三点：①小家庭增加的趋势使得共享居住的模式有较大市场。对比历年普查数据，2020 年全国"一代户"的比重较 10年前上升 15.3%，达到 49.5%；每户家庭人口数比第六次人口普查的时候少了 0.48 个人[①]。②年轻人渴望社交陪伴，避免孤独的需求也在促进共享居住的发展。③自2016 年后"租购并举"的政策导向下，长租房市场创新创业主体的活力被激发，许多"长租公寓""白领公寓""单身合租公寓"如雨后春笋般出现在房地产市场上，中间商将业主房屋租赁过来，进行装修改造，配齐家具家电，再以单间的形式出租给需要人士，有的共享公寓还引入了智能 APP，将人与人紧密相连，如北京 Stey 共享公寓，创建了由数字科技支持运行的社群，用现代科技赋予社群充分的高效与灵活性（图 8-1）。相信未来一段时期，共享的居住模式将会在我国得到更大的发展空间。

（2）新型住区模式

继改革开放前的福利分配时期后，一种新型"单位大院"在一线特大城市中再次

---

① 21 世纪经济报道. 全国"一代户"比重接近 50%，独居、空巢现象突出 [EB/OL].（2022–05–09）. http：//www.21jingji.com/article/20211208/herald/745ce124d2d76f9d084753982cfe6aa2.html.

图 8-1　北京某共享公寓
来源：https：//www.mafengwo.cn/hotel/41412.html（2022-05-18）

出现，许多城市为了留住高知人才出台系列"人才政策"，企业公司也将住房纳入福利条件。区别于传统在水平方向进行独立管理的传统单位大院，新型人才住房的居住模式更强调垂直向的联系，是一种新型的居住管理模式和社群形态。对于这一类新型居住大院，有研究以深圳为例，发现尽管缺乏共同工作单位的联系，这样的由陌生人组成的社区同样多为三代居，有着新型的社会联结（MacLachlan et al.，2022）。

　　另一种不同于商品房小区的新型居住社区是混合社区（Mixed Neighborhoods）。其概念最早于 20 世纪在美国提出，鼓励不同收入阶层混合居住作为发展策略，旨在应对聚集低收入者后社区可能产生的犯罪、基础设施匮乏、社会隔离与排斥等一系列问题。主要手段是结合公共住房与商品房的开发，以及将公共住宅作为小组团分散至中高档社区中。我国也有诸多城市在出让土地时将保障性住房比例作为一项指标调节以促进社区的和谐发展，如上海要求"新出让商品住房用地配建不少于 15% 的开发企业自持保障性租赁住房"，重庆、西安等市也颁布规定发展保障性租赁住房[①]。

————————————————
①　上海市住房和城乡建设管理委员会 . 住房和城乡建设部发布《发展保障性租赁住房可复制可推广经验清单（ 第一批 ）》[EB/OL]. (2022-05-09).https：//zjw.sh.gov.cn/xwfb/20211111/31ade34cb77443158f52414ae16567a6.html.

在服务配套方面，源于新加坡的新型社区服务概念"邻里中心"（Neighborhood Center），又称街坊中心兴起，具体指在 3000~6000 户居民中设立一个功能比较齐全的商业、服务、娱乐中心，不同于传统社区"小而散"的商业服务模式，强调"大社区、大组团"，对社区服务进行整合，以促进社区居民的交往。

8.1.2　新居住空间研究

（1）居住空间布局规律

已有研究对共享居住空间的空间分布规律进行探索。空间分布上，由于共享居住平台面向的对象更多为短途旅行的游客，其房源多集中在市中心区域（Gurran and Phibbs，2017；Quattrone et al.，2016），有创意产业的地区，靠近市中心、大学、旅游区和公交车站的地区（Quattrone et al.，2018），以及旅游服务设施较为缺乏的乡村或野外区域等。但与酒店等其他类似场所相比，其房源的地理分布较为分散。

对传统居住空间而言，ICT 时代下由于住房信息更加完整，互联网渠道用户（使用线上中介或网站等方式进行房屋搜索）相比传统渠道用户（包括报纸、广告、传单或亲戚朋友介绍等），其选择新居住地的可能性更大，搬离原址的距离更长（图 8-2）。因而越来越多的人从市中心向郊区迁移。同时，我国都市圈的一体化建设使得郊区与市区之间的时空距离压缩，导致居住空间进一步分散，城市进一步蔓延扩张（Qin et al.，2016）。

（2）居住空间社会空间效应

近年来，有学者发现了北美地区新的居住地理学现象（Moos，2016）：千禧一代被认为有如高教育程度、较小的家庭规模和与城市集中和高密度生活相一致的生活方式特征，这些年轻人集中居住在城市中心，这种现象被称为高密度社区"年轻化"

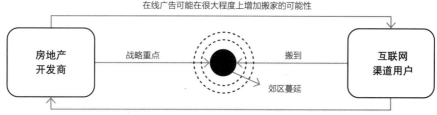

图 8-2　南京市房地产开发商与互联网渠道用户的关系
来源：改绘自 Qin et al.，2016

（Youthification），且年轻化与绅士化并存。究其原因，一方面，设施丰富的高度绅士化中心区吸引着年轻"绅士"；另一方面，收入较低的年轻人也可以通过共享居住或短期租赁负担市中心的高房价。在国内，教育资源的不均与社会阶层的分化使一种新的"学区绅士化"（又称教育绅士化）现象出现，导致中产阶级和优质教育资源向郊区的迁移，同时又进一步引起了城市人口和社会经济的分层和极化（胡述聚等，2019；陈培阳，2015）。

（3）居住空间变化的外部性

正外部性主要表现在对城市闲置空间利用的促进和对社会经济层面的积极影响。对城市发展来说，将空间改造为共享居住用途一定程度上为旧城改造、空置的住房带来了解决方案。大型工厂的员工宿舍楼、部分衰败地区的闲置商业空间等，存量建筑都有被改建成共享住宅的可能（Fang et al.，2016）。而人才公寓的建设也给部分城市的衰败空间再次发展带来新的机遇，比如深圳市将城中村进行改造，在整治城中村现象的同时达成人才低租金入住的经济的平衡。而在社会经济层面，有研究认为基于网络平台的短期居住模式可为游客带来更深入更当地化的文化体验，同时进一步激发地区的文旅开发的潜力，创造更多岗位，也可以刺激社区的振兴（Fang et al.，2016）。

而其带来的负外部性则更受关注，主要体现在社会经济层面。已有很多研究表明，新租赁模式的加入使居住用地向经营性用途转变，进而使传统租赁市场的租金上涨，使本地原有居民流离失所的风险增加（Yrigoy，2019）。同时上涨的房租也进一步推动了当地旅游开发的过度化以及中心地区绅士化和高档化的进程，给传统酒店经营带来了竞争与影响。而对处在同一社区的居民而言，过多的外来租住人员使得社区的安全、噪声、交通、废物管理等问题出现，居民与租客之间的冲突时有发生，有些小区甚至禁止社区居民开设民宿，以保障小区的私密性与安全性。已有很多城市出台了应对共享居住平台过分扩大的条例，国内比如北京市住房和城乡建设委员会等单位共同印发《关于规范管理短租住房的通知》（2020）就规定短租房需取得物管会或同楼业主同意。国外比如美国、欧洲等，则采取限制其所处位置、每年出租次数、租客数量等方法（Nieuwland et al.，2020）。此外，短期租赁这样的新租住模式，由于多分布在具有历史价值的热门旅游景点，从而给历史建筑的保护工作带来挑战（Lin，2020）。

33 课件：新城市工作空间

8.2　新城市工作空间

8.2.1　新产业和新工作方式

工作空间的变革离不开新产业的出现及生产方式的变革。首先，第四产业（即信息服务相关的产业）已蓬勃发展，数字经济和创意经济的兴起以及新的劳动力组织方式的出现，培育出一种新型办公场所：联合办公空间（Co-Working Spaces）。布鲁诺·莫里塞特（Bruno Moriset）将联合办公空间定义为不同类型的知识专业人员（主要是自由职业者）使用的共享工作场所（Moriset，2013）。在我国公布了"互联网＋"国家战略后，国家和地方层面的扶持政策和强劲的市场需求，催生了"互联网＋"创业者的崛起。这些"数字游民"普遍没有独立的办公室，而是使用共享或共同工作的办公室。

其次，移动通信技术的普及使得移动协作媒体得到了前所未有的发展，员工能够在全球范围内进行协作办公，超越单一的公司和"办公室"环境，可以实现在任何场所进行办公。

8.2.2　新工作空间研究

（1）工作空间布局规律

工作空间集中在写字楼中，已成为我们长久以来习惯的空间形式（Saval，2014）。而随着第四产业的出现，个体和公司层面的工作方式发生巨大变化，城市的工作空间区位也发生了明显重构，并且激发了许多预示"办公室消亡"的建筑和城市愿景。学者们对工作空间未来将进一步聚集还是分散产生不同的结论。

由于要素价格和生活成本的不断上涨，运输成本和单位土地产出高的生产性服务业和新兴制造业等部门选址在城市核心区，享受着城市外部性收益，而传统制造业则选址在土地价格相对低廉的城市边缘区。随着远程办公技术和交通技术的发展，时空距离被缩短，促进工作空间从城市中心迁移至郊区，形成区域性工作中心（刘婧等，2022）。工作空间在城市中分布趋向于扁平化、更加围绕居住地布置。北京望京地区曾经是只有几路公交车能到达的"城乡接合部"，而随着互联网产业在此崛起、靠近机场、地铁线接入，已成为北京多中心空间结构中的中央商务区（Central Business District，CBD）之一。松江 G60 科创走廊建设同样展示了工作区位向郊区扁平化分布发展的趋势。一些超级全球化论者认为，随着交通和通信技术进步，资本将跨越国界在世界范围内搜寻成本最低或收益最大地点，也可以减少对面对面通信的需求，区位变得不再重要。

而认为工作空间将进一步聚集的研究认为，尽管 ICT 导致了一些常规活动的去中心化，但 ICT 也创造了以知识为基础的经济，需要面对面接触（Storper and Venables，2004）。当下，城市生态系统的行为复杂性本身就是生产力和创新的主要资源，因为学习（将信息转化为人们的知识）依赖于复杂的社会互动（Brown et al.，2002）。无论创新产业（Creative Industries）（Clare，2013）还是传统制造业（Hong et al.，2011），通过面对面接触而产生的知识溢出效应依然重要，越来越多的知识密集型公司也有重返市中心（Moriset，2013）的趋势。

（2）工作空间变化的外部性

在社会经济层面，共享办公的模式可以成为促进知识密集型产业导向的城市进行发展的战略工具。不少研究证明，共享办公从个人到全球层面均可以增强合作、促进自下而上的创新互动等（Capdevila，2015）。而在物理空间层面，共享办公空间往往与传统的办公空间或合租公寓共存。因此，共享工作空间与共享居住一样，都有潜力更新现有的低效城市空间，进而促进城市的可持续发展。

34 课件：新城市交
通空间

8.3　新城市交通空间

8.3.1　新交通方式

交通空间正在被共享出行方式、数字技术甚至自动驾驶技术重塑。

自动驾驶又称无人驾驶，指依靠计算机和人工智能等技术进行自主地安全有效驾驶。自动驾驶车辆系统既包括车辆的自动化还需要依赖于道路基础设施的智能网联（Jordana，2010）。2020 年 3 月，工业和信息化部发布《汽车驾驶自动化分级》，将汽车驾驶自动化功能划分为 L0~L5 共 6 个等级，自动驾驶已成为汽车行业重要的发展方向。2022 年 11 月，工业和信息化部印发《关于开展智能网联汽车准入和上路通行试点工作的通知》，进一步推动智能网联汽车的发展。江苏、上海、湖南、重庆等省市也陆续制定了规划和标准。

而共享出行是共享经济在交通领域的分支，在第 7 章中已有详尽介绍。此外，人们日益依赖算法进行路线规划和目的地导航。出行即服务（Mobility as a Service, MaaS）即是数字技术下的产物，其旨在将不同交通方式的出行服务整合在一起，为人们量身定制高效、经济、低碳的出行解决方案。

智能化的无人驾驶汽车与 5G、车联网结合进行智慧调度，路线优化，可以避免交通拥堵、交通事故，并可以通过收集高效率、高密度的感知数据，有望进一步保证行人的安全。

8.3.2 新交通空间研究

（1）交通空间变化影响下的城市布局

随着自动驾驶技术的渗透，道路的占地面积将减小，由于整体交通量将减少、车间距将降低，未来交通空间面积有望仅需现状的 1/3[①]。此外，因为自动驾驶车辆可以自行驾驶至停车场，有研究认为未来的停车空间将远离市中心和工作区（Zakharenko, 2016）。区别于传统城市的四大系统功能分区，未来的城市空间可能会在交通的变革下分解为更均质的微小单元，单元在空间上将被划分为标准模块，模块之间将由扁平化的无人驾驶道路系统连接（图 8-3）。

（2）交通系统空间设计

道路系统方面，有研究显示，自动驾驶技术配合智能调度可使车辆无需依靠层级化的交通枢纽进行组织，道路之间的等级差异可能缩小，道路主次支之间的差异基本消失，交通网络趋向扁平化，道路体系由放射状形态向网格化转变（徐晓峰等，2021）。

在道路断面上，新交通技术也使"柔性路权"成为可能。新的交通方式和电子商务的渗透将使街道上的停车和货物装卸行为频率提高，这极大地增加了对路边空间的需求（Chen et al.，2017），"柔性路权"有助于提供更多这样的灵活路边空间。过去固定不

① SISSON P. How Driverless Cars Can Reshape Our Cities[EB/OL]. (2022-05-09). https：//archive. curbed.com/2016/2/25/11114222/how-driverless-cars-can-reshape-our-cities.

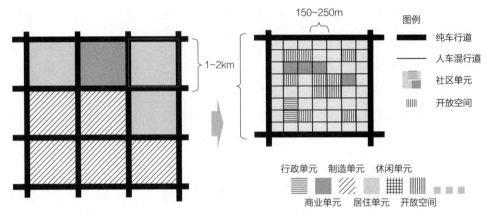

图8-3　模块化功能用地示意图
来源：徐晓峰等，2021

图8-4　弹性道路使用场景示意
来源：改绘自 https：//nacto.org/publication/bau2/（2022-05-18）

变的路缘石、交通标识和信号灯，可变为可根据使用者需求实时调整路权归属的交通基础设施。同时，在非高峰时段，可以结合减少车道数量、限制车速和关闭部分路段等方式，释放出供市民活动的空间（图8-4）。

在传统驾驶向自动驾驶的过渡时期，二者可以共享道路空间，并逐渐从常规基础设施过渡到智能可通信的基础设施（Santana et al.，2021）。也有研究基于无人驾驶汽车可精准驾驶这一前提，提出"道路柔化计划"，将现有的3.5m标准车道改为仅有双轮着地的空间宽度0.5m，释放出来的空间将为修复城市生态系统的连续性提供全新可能，并构建起覆盖城市每个角落的巨型绿色基础设施网络（图8-5）。

交通空间将在功能上得到进一步拓展。某家居品牌"某家 Space10 实验室"的无人驾驶汽车方案"Space on Wheels"将7种不同的场景融入乘客上下班路程，使无

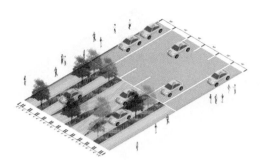

图 8-5　柔化道路示意
来源：Yadan et al.，2019

图 8-6　"车轮上的咖啡厅"概念场景
来源：http://www.sohu.com/a/342405999_188910

人驾驶车辆成为空间的延伸，之前维度单一的交通空间被拓展为多功能复合的智能移动空间，这将会重新定义办公人群的"通勤时间"（图 8-6）。

（3）交通空间变化的外部性

在正外部性方面，新交通方式有助于解决城市交通问题、促进碳减排、释放城市空间等。自动驾驶技术与共享出行相结合时，有助于降低交通拥堵、出行时间、出行成本、交通事故和出行过程中的能源消耗，并将为残疾人和老年人出行提供更大的便利（Anderson et al.，2014；Harper et al.，2018；Wadud et al.，2016）。

此外，自动驾驶和共享出行可以减少停车位的占用，从而减少停车空间，释放出更多城市空间。非通勤的自动驾驶车辆可自行到达更偏远的郊区进行日间停车，从而达到日夜间停车的平衡，降低停车费和所需的停车位（Harper et al.，2018），从而使城市更紧凑并进一步提高住房的可负担性（Larson et al.，2020）。以旧金山湾区为例，引入无人驾驶汽车后大量地面停车场地与设施将被清理拆除，可新增大量城市建设用地，对城市"结构织补"和"生态修复"具有积极作用：一方面，可以进行再开发，用以优化城市空间结构和局部地段功能提升问题（Zakharenko，2016）；另一方面，也可作为城市绿地、开放空间或社区活动空间予以保留并重新规划设计，为市民提供休闲活动场所（徐小东等，2020）。

而数字地图的使用以不同方式改变了人们在城市空间中的分布方式，包括人们选择居住的地方、从事的工作、出行路线和选择的交通方式（Harper et al.，2018），由于数字地图可将公共交通的路线规划清晰，人们将有更大可能性使用公共交通，也将促进能源消耗的减少。

然而，它也可能会对交通产生负面影响，如刺激出行需求（Matowicki et al.，2020）。因其降低了出行成本，可能会促使人们在郊区择居，造成交通总量的增加，随之而来的是中心区工作机会逐步向郊区转移[①]，最终导致城市蔓延。

35 课件：新城市休闲空间

8.4　新城市休闲空间

8.4.1　新休闲方式和空间功能

（1）线上线下融合式休闲

ICT 时代下的消费活动与服务供给的变化主要体现在两方面：线上服务消费和以居住地为中心的服务供给（Mitchell，2000）。前者指过去在城市线下空间中进行的活动现在转为线上，如在线购物、政务服务、在线教育、在线医疗。后者是指以居住地为核心服务地点提供的线下服务，以食品配送、上门服务等为代表。

然而，线上服务给零售经济和线下购物中心带来了新的挑战，也促进了传统经济的转型。许多消费者仍然更喜欢在实体店购物，因为实体店可以为消费者提供即时满足、客户服务、与商品的物理互动以及在体验式的环境中与其他人进行社交互动（Pauwels et al.，2015）。在我国，这样的互补趋势更加明显，并被称为"实体"体验和"新零售"[②]。

尽管线上娱乐如网络游戏等已经取代了一些线下的娱乐活动，ICT 对休闲方式的影响更多地体现在促进线上和线下活动的融合而非彻底取代。一些线下的休闲行为会受到

① ECONOMIST T. A chance to transform urban planning：How autonomous vehicles will reshape cities[EB/OL]．（2022-05-09）．https：//www.economist.com/special-report/2018/03/01/a-chance-to-transform-urban-planning/.

② BALI V.This is what you need to know about China's e-commerce explosion[EB/OL]．（2022-05-09）．https：//www.weforum.org/agenda/2018/01/china-ecommerce-what-we-can-learn/.

线上信息的影响（Mitchell，1999）。如线上评论会引导人们来到线下空间参与线下活动，使线下空间成为"网红空间"；或者依赖线下行为进行的线上活动，如在短视频软件上分享视频，可以被视为线上合并线下活动。

（2）功能复合的第三空间

"第三空间"（The Third Place）这一概念最早由美国的社会学家雷·欧登伯格（Ray Oldenburg）提出，他认为居住空间为第一空间，工作空间为第二空间，而城市的酒吧、咖啡店、博物馆、图书馆、公园等公共空间为第三空间（Oldenburg，1999）。某咖啡品牌首次将"第三空间"概念引入咖啡店中，"非家非办公"的中间状态成为"第三空间"的本质。

咖啡馆是第三空间的典型代表，它除满足咖啡消费之外，还被认为是促进社会互动和凝聚力的场所，也是创意经济创新"场景"的一部分。截至 2020 年底，我国的咖啡馆已经突破 10.8 万家，空间上主要分布于二线及二线以上城市[①]。除咖啡馆外，传统公共文化设施如博物馆、美术馆和展览馆，也成为曝光率极高的"网红打卡地"以及人们进行文化交流和休闲的"第三场所"，如城市书房、文化驿站、文化客堂间、睦邻中心、公共集市、各种主题的实体书店等也加入其中。而菜市场、生鲜店等日常消费购物场景在功能丰富度上也有相当程度的创新。如上海某印良品生鲜复合店就是生活场景复合的典型案例。

8.4.2　新休闲空间研究

（1）休闲空间布局规律

但与此同时，一些区别于传统休闲空间区位选择的空间被挖掘利用，"金角银边草肚皮"的吸引力法则在 ICT 渗透下发生变化，线上信息的存在使得"酒香不怕巷子深"。新型休闲空间在水平空间上产生了向背街小巷、地块内部渗透的迹象（王竟凯等，2017；晏龙旭，2017），在垂直空间层面具有向楼宇高层发展的趋势（路紫等，2013；孙世界等，2021），其中高层商住建筑由于租金成本低廉、管理配套齐全，成为新型休闲空间集聚的主要载体。

---

① 德勤中国. 中国现磨咖啡行业白皮书 [EB/OL]. (2022-05-09). https：//www2.deloitte.com/content/dam/Deloitte/cn/Documents/consumer-business/deloitte-cn-consumer-coffee-industry-whitepaper-2021-210412.pdf.

（2）休闲空间变化的外部性

积极来看，线上支付系统和线上政务办理给居民带来了便利，并一定程度上缓解了交通问题。从空间的公共交往功能考量，新休闲空间的大量出现是对移动互联时代虚拟社交平台的必要补充，对于重新恢复城市空间作为社会公共领域的价值功能，以及人与人之间的相互沟通、公共交往的实现有着极大的促进作用。同时，在网络区位的影响下，更多"隐形"休闲空间被挖掘，并能够显著提升旧城中低效高层建筑的效率和价值，为商住楼等大量空置的建筑注入新活力，有效调节用地和建筑的功能错配，是旧城更新中自下而上的创新动力。最后，有研究表明，线上访问行为有助于进一步塑造和强化令人印象深刻的线下城市空间意向要素，如地标和城市节点（Zhang et al.，2022）。社交媒体等线上方式逐渐成为休闲活动的体验基础（Da et al.，2018），并可以辅助促进公众更充分地参与线下的活动（Li et al.，2018）。

而消极来看，远程服务促进了在线经济的繁荣，这给零售经济和线下购物中心带来了新的挑战（Nisar et al.，2017），在线购物的趋势一定程度上推动了购物中心走向衰退（Dunham-Jones et al.，2011），许多大型的商业空间正在沦为电子商务的仓库。电子商务和在线购物有助于减少人们线下购物的碳排放（Jaller et al.，2020），却增加了快递运输和额外包装的碳排放（余金艳等，2022）。送货骑手不稳定的工作条件和道路安全相关的社会问题也是线上服务带来的负外部效应。同时，尽管数字手段进一步增添了休闲空间的物质吸引力，但这不是起决定性作用的因素。有研究通过对比不同层次的可达性对人们通过社交媒体与空间互动的影响，证明了地方可达性和物理邻近性仍对线下休闲空间起着关键的作用（Wang et al.，2017）。

8.5　本章小结

在第四次工业革命到来后，技术发展通过其对人与空间互动的信息效应，改变地点的可达性，创造新的生活方式，进而重塑和改造城市生活和城市空间。本章梳理了近年来新城市空间相关的现象和研究，但许多研究也存在着不一致的结论。

整体来看，各类功能空间正在进行各维度上的高度混合，空间的弹性也在增强，功能不再固定唯一，高频灵活性的使用情况在大幅增加。这些技术对于城市空间有着双重的作用，一方面技术可能改变了空间的可达性和固定性，提高空间的利用效率；而另一方面也可能会加剧城市蔓延，模糊传统的边界，给治理和公平等城市议题带来挑战。同时，尽管 ICT 提高了城市活动的时空灵活性，促进了城市活动的在线转型，但地理邻近性对整体空间结构和我们日常生活的中心方面仍具有重要意义。

36 课后习题

▌ 本章参考文献

[1] ANDERSON J M，NIDHI K，STANLEY K D，et al. Autonomous vehicle technology：A guide for policymakers[M]. Santa Monica：Rand Corporation，2014.

[2] BROWN J S，DUGUID P. Local knowledge：Innovation in the networked age[J]. Management Learning，2002，33（4）：427-437.

[3] CAPDEVILA I. Co-working spaces and the localised dynamics of innovation in Barcelona[J]. International Journal of Innovation Management，2015，19（3）：1540004.

[4] CHEN Q，CONWAY A，CHENG J. Parking for residential delivery in New York City：Regulations and behavior[J]. Transport Policy，2017，54：53-60.

[5] CLARE K. The essential role of place within the creative industries：Boundaries，networks and play[J]. Cities，2013，34：52-57.

[6] Da Costa Liberato P M，ALÉN-GONZÁLEZ E，De Azevedo Liberato D F V. Digital technology in a smart tourist destination：The case of Porto[J]. Journal of Urban Technology，2018，25（1）：75-97.

[7] DUNHAM-JONES E，WILLIAMSON J. Retrofitting suburbia，updated edition：Urban design solutions for redesigning suburbs[M]. Hoboken：John Wiley & Sons，2011.

[8] FANG B，YE Q，LAW R. Effect of sharing economy on tourism industry employment[J]. Annals of Tourism Research，2016，57：264-267.

[9] JALLER M，PAHWA A. Evaluating the environmental impacts of online shopping：A behavioral and transportation approach[J]. Transportation Research Part D：Transport and Environment，2020，80：102223.

[10] GURRAN N，PHIBBS P. When tourists move in：How should urban planners respond to Airbnb?[J]. Journal of the American Planning Association，2017，83（1）：80-92.

[11] HARPER C D，HENDRICKSON C T，SAMARAS C. Exploring the economic，environmental，and travel implications of changes in parking choices due to driverless vehicles：An agent-based simulation approach[J]. Journal of Urban Planning and Development，2018，144（4）：04018043.

[12] HONG J，FU S. Information and communication technologies and the geographical concentration of manufacturing industries：Evidence from China[J]. Urban Studies，2011，48（11）：2339-2354.

[13] HUANG H, LIU Y, LIANG Y, et al. Spatial perspectives on coworking spaces and related practices in Beijing[J]. Built Environment, 2020, 46 (1): 40-54.

[14] IRANMANESH A, ALPAR ATUN R. Exploring patterns of socio-spatial interaction in the public spaces of city through Big Data[C]//24th ISUF International Conference. Book of Papers. Valencia: Editorial Universitat Politècnica de València, 2018: 1127-1135.

[15] LARSON W, ZHAO W. Self-driving cars and the city: Effects on sprawl, energy consumption, and housing affordability[J]. Regional Science and Urban Economics, 2020, 81: 103484.

[16] LI X, DUAN B. Organizational microblogging for event marketing:A new approach to creative placemaking[J]. International Journal of Urban Sciences, 2018, 22 (1): 59-79.

[17] LIN X F. Short-term rental as a tool for historic preservation: Case-studies in San Francisco, Boston, and New Orleans[D]. [S.l.]: [s.n.], 2020: 692.

[18] MACLACHLAN I, GONG Y. Community formation in talent worker housing: The case of Silicon Valley Talent Apartments, Shenzhen[J]. Urban Geography, 2022: 1-22.

[19] MATOWICKI M, PRIBYL O. The need for balanced policies integrating autonomous vehicles in cities[C]//2020 Smart City Symposium Prague(SCSP). IEEE, 2020: 1-7.

[20] MITCHELL W J. E-topia: Urban life, Jim - but not as we know it [M]. Cambridge: MIT Press, 2000.

[21] MOOS M. From gentrification to youthification? The increasing importance of young age in delineating high-density living[J]. Urban Studies, 2016, 53 (14): 2903-2920.

[22] MORISET B. Building new places of the creative economy[J]. The rise of coworking spaces, 2013, 9: 18-27.

[23] NIEUWLAND S, VAN MELIK R. Regulating Airbnb: How cities deal with perceived negative externalities of short-term rentals[J]. Current Issues in Tourism, 2020, 23 (7): 811-825.

[24] NISAR T M, PRABHAKAR G. What factors determine e-satisfaction and consumer spending in e-commerce retailing?[J]. Journal of Retailing and Consumer Services, 2017, 39: 135-144.

[25] OLDENBURG R. The great good place: Cafes, coffee shops, bookstores, bars, hair salons, and other hangouts at the heart of a community[M]. New York: Marlowe & Company, 1999.

[26] PAUWELS K, NESLIN S A. Building with bricks and mortar: The revenue impact of opening physical stores in a multichannel environment [J]. Journal of Retailing, 2015, 91: 182-197.

[27] QIN X, ZHEN F, ZHU S J. Centralisation or decentralisation? Impacts of information channels on residential mobility in the information era[J]. Habitat International, 2016, 53: 360-368.

[28] QUATTRONE G, GREATOREX A, QUERCIA D, et al. Analyzing and predicting the spatial penetration of Airbnb in US cities[J]. Epj Data Science, 2018, 7 (1): 31.

[29] QUATTRONE G, PROSERPIO D, QUERCIA D, et al. Who benefits from the "sharing" economy of Airbnb?[C]//Proceedings of the 25th International Conference on World Wide Web, 2016: 1385-1394.

[30] SANTANA E F Z, COVAS G, DUARTE F, et al. Transitioning to a driverless city: Evaluating a hybrid system for autonomous and non-autonomous vehicles [J]. Simulation Modelling Practice and Theory, 2021, 107: 102210.

[31] SAVAL N. Cubed: A secret history of the workplace[M]. New York: Anchor Books, 2014.

[32] STORPER M, VENABLES A J. Buzz: Face-to-face contact and the urban economy [J]. Journal of Economic Geography, 2004, 4: 351-370.

[33] VALLICELLI M. Smart cities and digital workplace culture in the global European context: Amsterdam, London and Paris[J]. City, Culture and Society, 2018, 12: 25-34.

[34] WADUD Z, MACKENZIE D, LEIBY P. Help or hindrance? The travel, energy and carbon impacts of highly automated vehicles [J]. Transportation Research Part A: Policy and Practice, 2016, 86: 1-18.

[35] WANG B, LOO B P. Hubs of internet entrepreneurs: The emergence of co-working offices in shanghai, china[J]. Journal of Urban Technology, 2017 (24): 67-84.

[36] YADAN L, YING W, TIAN T. From transportation infrastructure to green infrastructure—adaptable future

roads in autonomous urbanism [J]. Landscape Architecture Frontiers，2019，7：92-99.

[37] YRIGOY I. Rent gap reloaded：Airbnb and the shift from residential to touristic rental housing in the Palma Old Quarter in Mallorca，Spain [J]. Urban Studies，2019，56：2709-2726.

[38] ZAKHARENKO R. Self-driving cars will change cities[J]. Regional Science and Urban Economics，2016，61：26-37.

[39] ZHANG Y，LI Y，ZHANG E，et al. Revealing virtual visiting preference：Differentiating virtual and physical space with massive TikTok records in Beijing[J]. Cities，2022，130：103983.

[40] 常铭玮，袁大昌. 共享经济视角下居住空间与居住模式探索 [C]// 中国城市规划学会. 持续发展 理性规划——2017 中国城市规划年会论文集（20 住房建设规划）. 北京：中国建筑工业出版社，2017：387-395.

[41] 陈培阳. 中国城市学区绅士化及其社会空间效应 [J]. 城市发展研究，2015，22（8）：55-60.

[42] 胡述聚，李诚固，张婧，等. 教育绅士化社区：形成机制及其社会空间效应研究 [J]. 地理研究，2019，38（5）：1175-1188.

[43] 刘婧，甄峰，张姗琪，等. 新一代信息技术企业空间分布特征及影响因素——以南京市中心城区为例 [J]. 经济地理，2022，42（2）：114-123，211.

[44] 路紫，王文婷，张秋娈，等. 体验性网络团购对城市商业空间组织的影响 [J]. 人文地理，2013，28（5）：101-104，138.

[45] 孙世界，王锦忆. 隐形消费空间的分布特征及影响因素研究——以南京老城为例 [J]. 城市规划学刊，2021（1）：97-103.

[46] 徐小东，徐宁，王伟. 无人驾驶背景下的城市空间转型及城市设计应对策略研究 [J]. 城市发展研究，2020，27（1）：44-50.

[47] 徐晓峰，马丁. 无人驾驶技术对城市空间的影响初探——基于中国（上海）自由贸易试验区临港新片区探索性方案 [J]. 上海城市规划，2021（3）：142-148.

[48] 晏龙旭. "均质化 - 再集聚"：互联网影响下餐饮业空间布局新特征——基于上海内环开放数据的研究 [J]. 城市规划学刊，2017（4）：113-119.

[49] 余金艳，张英男，刘卫东，等. 电商快递包装箱的碳足迹空间分解和隐含碳转移研究 [J]. 地理研究，2022，41（1）：92-110.

[50] 王竟凯，葛岳静，唐宁. "互联网 +"时代"城内城"型高校周边商业空间的分异特征及形成机制——以西南大学实体商业空间与网络商业空间为例 [J]. 经济地理，2017，37（9）：125-134.

第 4 篇　　　　　　　　　　　　　　未来城市

经过前三篇的介绍，我们学习了新城市科学的发展历程，了解了与城市息息相关的新数据、技术和方法，以及近十年来城市产生的变化和新规律。我们已经理解技术如何驱动居民生产生活方式变化，又是如何影响城市空间。在第四篇"未来城市"中，我们将展示推演下的未来城市空间原形和面向实施的创造路径。未来不是预测的，而是创造的，我们应洞察到在当下技术革新中近未来城市的模样，并主动干预和创造。在科技革命促进城市发展的路径中，未来城市是着重于实践层面的。因此，在新城市科学的系统学习中，掌握研究方法、理论认知之后，未来城市的学习有助于理解其实践层面的支持意义。

第 9 章将介绍如何运用回溯 + 推演的方法，对未来城市空间原型进行判断，并从区域层面和功能层面分别推演未来城市空间的发展。第 10 章将介绍创造未来城市的方法，包括数据增强设计和数字创新，并倡导在技术驱动下加强各社会主体间的联系合作。

第9章 未来城市空间原型

近年来，新技术的发展与人们生产生活方式的改变共同驱动未来城市空间的变化，并将进一步在不同层级作用于城市空间。技术驱动城市产品服务层面更迭与新城市空间转型。近未来，新技术的迭代与发展将再次重新定义人类生活方式和城市空间结构。

本章以第7、8章内容为基础，结合此前与腾讯研究院共同发布的未来城市空间报告，通过推演法、系统性文献综述法、系统性案例梳理法等方法，探究未来城市区域层面，四大功能空间（居住、办公、交通、休闲），以及设施（公共服务设施、市政基础设施）等层面的区位结构变化、功能重组新趋势和运营管理新思路[1]。

9.1 未来城市空间的研究方法与趋势特征

本节对技术、生活方式与城市空间演化机制进行分析，基于已有文献、实践案例以及机构智库在技术发展与未来城市空间方面的研究，推导新技术、新生活方式驱动

---

[1] 北京城市实验室和腾讯研究院 . WeSpace 2.0 · 未来城市空间 2.0. 2022.07.

下的未来城市空间，并从区域、城市等多尺度及不同场景出发系统性展望与提炼未来城市空间的原型。

9.1.1　未来城市空间创造的推演方法

未来城市空间中以物联网为基础的超级大数据将为城市研究提供更精细、更大尺度的数据支撑。技术与空间的结合，有望解决城市长期以来的交通拥堵、环境污染、能源浪费等问题，减少城市碳排放，让城市回归可持续。未来城市可以理解为人类在不同发展阶段、技术条件和社会文化背景下，面向未来提出具有针对性、预测性和理想性的城市发展模式（张京祥等，2020）。本节将对新技术、新生活方式驱动下的未来城市空间进行具体分析。基于系统性文献综述与案例调查、专家访谈和机构智库在相关方面的已有研究，系统性观察过去十年间"新"的城市变化，借助历史发展路径依赖、对技术发展趋势的合理甄别以及其他相关未来学思考，对近未来十年"新城市"在技术影响下的空间发展进行适度推演和情景分析，并在区域、功能空间及设施尺度对相关规律特征予以系统性总结提炼（图9-1）。

需要指出的是，新技术对于不同区域、城市群体生活与空间演化的影响千差万别。在全球数字化进程中，新技术与创新资源分布不均衡，不同地域群体对新技术的接纳程度也有较大差异，由此进一步加剧了不同地域间的数字鸿沟，进而带来城市体系、城市

图 9-1　未来城市空间核心研究方法：回溯+推演
来源：北京城市实验室和腾讯研究院，2022

空间、社会差别及个体生活等方面的极化发展（汪明峰，2005）。因此，本节聚焦技术影响下的城市空间，并选择聚焦人口高度密集、经济发展水平较高、创新资源富集、对新技术包容度较高的发达城市空间，更多地以中国作为基础来进行原型提炼与具体场景展望，同时将部分具有普适性的规律趋势进行一定延展讨论。

　　由此可以看出，新兴技术主导作用下，人类需求与生活方式产生一系列变化，由此催生出一系列与这些变化相匹配的新产品服务模式。而城市空间作为提供产品服务的场所，同样深刻影响着人的使用感受与需求，因此，一系列新兴技术对于城市生活的影响最终会投影在城市空间中，并以空间形态与功能的适应或转化来体现。在此过程中，"人、服务、空间"三者之间也形成了相互影响、彼此促进的耦合关系（图 9-2）。

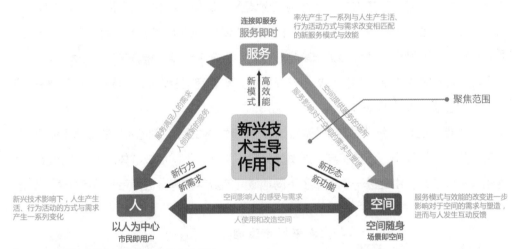

图 9-2　新兴技术与人、服务、空间之间的关系
来源：北京城市实验室和腾讯研究院，2022

9.1.2　未来城市空间的趋势特征

　　整体来看，面向未来的复杂性、不确定性和无法预测性，传统城市空间向未来城市空间转型的探索呈现多元化发展的趋势。空间维度上，未来城市从传统三维空间转向包含时间维度的四维空间属性；结构维度上，未来空间结构受技术影响灵活便捷（Dadashpoor and Yousefi，2018）；功能维度上，未来空间功能复合呈碎片化发展（王晶和甄峰，2015）；管理维度上，未来空间受到高频管理（Batty，2018），以时间

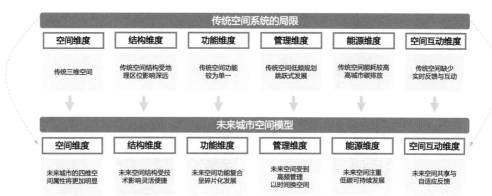

图 9-3　从传统空间系统的局限到未来城市空间模型
来源：北京城市实验室和腾讯研究院，2022

换空间；能源维度上，未来空间注重低碳可持续发展；空间互动维度上，未来空间呈现共享与适应反馈的特征（龙瀛等，2019）（图 9-3）。未来城市空间模型呈数字信息基础设施、虚拟空间层、实体空间层相叠加，线上活动与线下活动交互，实体空间与虚拟空间耦合的趋势。总体而言，在新技术与生活方式驱动下的未来城市各类空间也呈现出以下几方面的趋势特征：①赋能支持：信息与通信技术在城市生产生活要素配置中的优化集成作用得到充分发挥，在全时感知的基础上极大提升传统空间的利用效率，并在一定程度上对其韧性有所提升（李伟健和龙瀛，2020）。②边界溶解：随着交通方式的演化以及移动互联网、物联网的深入应用，城市内与城市间、不同功能空间之间以及线上、线下空间的边界逐渐模糊融合。③功能具身：空间形式不再必须追随功能，以空间为核心的功能布局逐渐向以人为核心的功能服务聚集发展。④虚实融合：实体空间与虚拟空间的融合关系进一步增强，与之对应的是传统空间的功能转化以及场景体验的提升，在空间数字化运营的同时，数字创新也将成为新的理念更好地迎合未来城市空间的设计创造。

　　另一方面，技术的发展迭代在一定程度上也会受到市场化规律作用，其对居民生活与城市空间的影响亦是多维度甚至缺乏充分选择的，也因此表现出一定的负外部性与不确定性。例如，新技术与数字经济发展所产生的数字鸿沟将会进一步加剧城市空间的不平等现象，同时加剧不同群体间的社会与居住隔离；城市的"信息功能"被互联网信息替代，传统以空间搜索为核心的行为选择被个体定制化算法改变，产生潜在的数据垄断及数据隐私危机问题，而算法的引导以及部分线上流量的竞争会进一步加速部分城市实体空间的功能瓦解与收缩衰落；此外，也存在诸如技术迷信、个体真实情感忽视与个性偏好丧失等方面的问题（仇保兴，2022），应采用理性的价值判断，利用技术解决部分城市空间问题，促进技术向善的未来城市空间发展。因此，从技术视角对未来城市空间原型进行提炼，以洞察其相互作用机制与潜在影响便显得尤为重要。

37 相关报告：
WeSpace2.0

38 课件：未来城市
空间：区域层面

9.2　未来城市空间区域层面：空间结构集聚与分散的重塑

随着自动驾驶与移动互联网等基础性技术的发展成熟，以汽车为载体的交通方式和以智能手机等终端为载体的通信方式发生迭代，从物理连接与虚拟连接层面深刻影响了未来城市的生活方式与空间结构（Castells，1996），使城市间与城市内集聚与分散的态势重新演绎。

在此背景下，未来我国东、中、西部地区城市在形态与功能方面将进一步呈现不同程度的多中心、网络化发展特点（Ma and Long，2020）。城市间将形成更加紧密的网络体系，以城市群、都市圈为主要空间组织模式的趋势会更加明显。城市人口与资源在城市群、都市圈加速集聚，空间更加紧凑集约化发展的同时，新极化中心出现，城市间面临更大的"数字鸿沟"。发达的超大城市（群）日益强大富集，其余城市则谋求"特色"发展或出现信息、知识、人才边缘化的收缩城市（吴康等，2015）。在技术扩散规律和历史惯性共同作用下，未来短期内城市间与城市内非均衡状态将更加明显。与此同时，高铁和轨道交通进一步降低跨城通勤成本，数字设施与异城协作办公的广泛流行使人们实现跨越时空的交流。因此城市间和城市内的界限开始模糊，功能联系超越地理邻近逐渐成为城市发展的重要动力，职住分离蔓延至区域尺度并成为一种常态（Wu et al.，2019）。

39 课件：未来城市
空间：功能层面

9.3 未来城市空间功能层面

在新技术的影响下，未来城市内部空间组织逐渐趋于社区化，并形成更加分散的网络与多中心小簇群的形态。城市组团从传统的区位和交通模式中解放出来，被更加扁平、均匀灵活地布置甚至分散至郊区。在功能组织与土地利用方面，城市内明确的功能分区将逐渐转向混合重组，趋向于形成以居住空间为中心，就业、办公、休闲等空间混合的新稳定结构，并产生更多的碎片化空间。同时城市空间功能发生共享化、复合化、服务化、个性化、智能化、运营化的更新与变迁。在此，进一步对未来城市空间中居住、工作、交通、休闲等相关的核心功能场景在区位结构变化、功能转变重组和运营管理几个方面进行解构梳理。

9.3.1 未来城市居住空间

（1）区位结构变化

随着远程通信、视觉增强、无人机、新物流与交通技术的成熟，工作生活的边界有所模糊，区位与地理距离对居住空间的影响将有所减弱，由此职住不平衡与过度通勤问题在一定程度上得到缓解。而随着诸如外卖餐饮、外卖生鲜等服务的不断丰富，未来远程医疗、网约护工、养老服务等居家服务场景也将迅速发展。人的活动在信息技术支撑下超越空间尺度约束，社区服务的供给方式发生颠覆性转变，社区生活圈不再局限于实体空间组织和设施配置，而转向融合线下步行可达和线上服务便捷到家的社区生活圈（牛强等，2019）（图 9-4），实现以居住地为中心、线上线下融合的未来城市居住空间模式。某猫"三公里理想生活圈"以及某东"零售即服务"理念的出现，进一步体现出在人工智能、大数据、物联网、机器人等技术驱动下对"人、货、场"三要素的重塑，围绕社区配备个性化物流配送仓库，通过线上线下融合（Online-Merge-Offline，OMO）提供基于位置的便利生活服务。

（2）功能转变重组

多功能混合社区逐渐普及，居住空间兼具工作室、联合办公、剧本杀等新兴办公与休闲娱乐功能（图 9-5）。居住空间由单一功能转变为复合功能空间，由人找服务到服务找人，呈现个性化、独立化发展。同时，共享思维已漫卷网络并渐成全社会共识，未来共享居住或成为普遍发展模式（张睿和吕衍航，2013），个人住宅或成为住房、服务

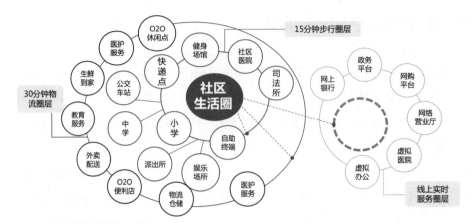

图 9-4 15 分钟线上线下融合生活圈
来源：北京城市实验室和腾讯研究院，2022

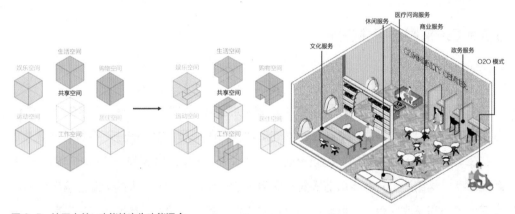

图 9-5 社区由单一功能转变为功能混合
来源：北京城市实验室和腾讯研究院，2022

与生活方式相结合的共享产品。但其在营造自由、个性化的同时，也在一定程度上间接加剧了居住空间与社群群体彼此间的分异隔离。与此同时，在快节奏生活方式等影响下，居住空间呈碎片化发展，出现更多满足即时需求的小型居住空间，满足高密度、职住失衡城市的住房需求。在办公场所、酒店出现大量诸如胶囊公寓的装配式、模块化、自助式的小型居住空间，在建材生产、施工建造、拆除和回收阶段，预制装配式建筑均可显著减少碳排放。

（3）运营管理新思路

社区基于空间和平台进行社群自我管理、自我组织。人人参与社区的管理运营，传统开发商成为运营商。受互联网思维影响，传统房地产转向运营商，以"人性需求"

"生活方式""价值创造"为开发的目标，而非单一的空间。人们得以择邻而居，营造自由、个性化社区的同时，或加速居住空间的分异化，加剧社会隔离。同时，通过大数据、云计算、人工智能辅助社区运营管理已获得广泛运用，智能化家居设施或成为普遍的家居助手。IoT 与手机 APP 实时监测能源使用，既可实时调节设施使用情况，又可提高减排意识。同时，以社区为基本管理单元，提升政务、医疗、购物等公共服务水平的未来社区管理模式已经在我国多个地区进行实践，这将会是未来社区发展的热点方向。

9.3.2　未来城市办公空间

（1）区位结构变化

分散、灵活的企业组织形式解放了束缚企业选址的桎梏，办公活动呈现郊区化发展，形成区域性就业中心。传统办公、居家办公、共享 / 联合办公、第三空间办公等多种办公模式并存。非正规就业由被动线下依赖转变为主动线上拓展，未来非正规经济在被线下空间驱逐的同时在线上空间愈加活跃发展，并逐渐以线上空间为主要拓展空间进行转型，未来办公空间在城市中分布可能进一步扁平化。同时，远程办公者更倾向于迁徙到房价较低的郊区，促进了办公空间从城市中心迁移至郊区，在城市中分布趋向于扁平化、更加围绕居住地布置。

创新技术在城市中心区集聚，办公空间在城市中心区和边缘区分异化发展（杨德进，2012），在此过程中创新要素将重塑优化片区空间结构，并促进创新产业空间集聚，与科研机构、高等院校结合分布。同时地区从线性创新模式向非线性创新模式转变，创新主体从大企业转向多元化主体，带动创新活动在地理空间上进行扩散。

（2）功能转变重组

在功能转变方面，就业办公空间亦具有混合功能开发与开放共享使用的趋势特征，通过多样灵活可变的空间组合成为新时代的"单位大院"（图 9-6）。联合办公空间从单一维度向多维度发展，出现更多就业与生活、服务、游憩功能混合开发的空间单元，增加了游戏、运动、饮食等各类型的工作辅助区域，创造社交、专业和创造性的空间，呈现多样灵活的组合方式。而共享办公室则为工作者节约成本并充分激发彼此的创意。一方面共享工作空间成为社区标配，另一方面传统办公空间面临凋敝，部分转化为共享、短期租赁甚至其他功能。此外，随着时间与空间界限、工作与生活界

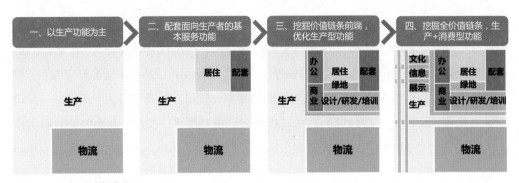

图9-6　创新产业空间演变
来源：北京城市实验室和腾讯研究院，2022

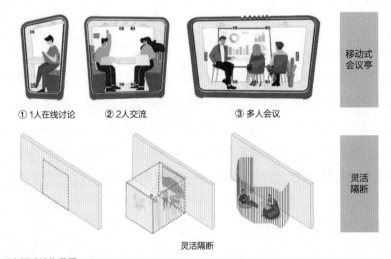

图9-7　办公空间碎片化发展
来源：北京城市实验室和腾讯研究院，2022

限模糊，办公活动向其他空间拓展，在咖啡厅、图书馆等第三空间办公、居家办公将成为普遍现象，并由此催生出车上办公、户外空间办公等新办公需求。在此背景下，为上班族所设计的办公咖啡厅、自习室、图书馆、共享办公空间等形式更丰富，装配式、模块化、自助共享的小型办公空间为人们随时随地、多样化办公提供了独立场地（图9-7）。

（3）运营管理新思路

智能运营管理，办公设施智能化交互化，用户参与运营管理。未来办公室将成为实现物联网的主要场所，更多的 VR/MR 虚拟、人机交互式工作应用，将会在工作及教育、娱乐等场所空间得到更多的配置；软件即服务（Software as a Service，SaaS）

等服务提升，未来办公空间使用或以用户直租和免除中介的方式，甚至用户参与办公空间的运营，办公空间同时是社交场所。同时，各类小程序等轻量级应用辅助管理使信息高效下达员工，提升了工作的管理效率。

9.3.3 未来城市交通空间

（1）区位结构变化

随着以人为本理念的深入以及末端交通服务技术的成熟，未来大街区、疏路网为主导的路网格局将逐步转变为小街区主导或大小街区并存（图9-8），或将分解为更均质的微小单元和标准模块，模块之间将由扁平化的无人驾驶道路系统连接，街道系统分级精细化并出现自动驾驶专用车道/区域。例如"编织城市"（Woven City）将专为自动驾驶车辆通行的机动车道、小型移动工具通行的休闲长廊以及供行人漫步的线性公园三种道路穿插在城市中，使整个城市形成一个网状编织结构。未来航空、公交、地铁、出租、共享单车等出行服务一体化运行规划，形成地上地下空中无人三维物流运输体系，而物流与快速车道也可移至地下，进一步利用地下空间、城市灰色空间。地上地下，建筑间与建筑内三维交通立体衔接，包括航空、公交、地铁、出租、共享单车等出行服务一体化衔接运行。

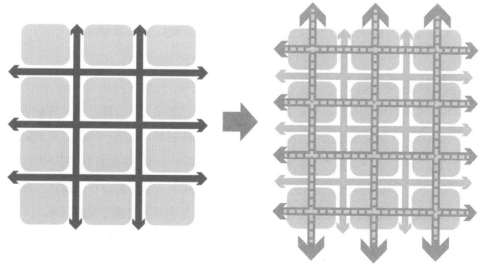

图 9-8 无人驾驶过渡时期"双棋盘"路网
来源：北京城市实验室和腾讯研究院，2022

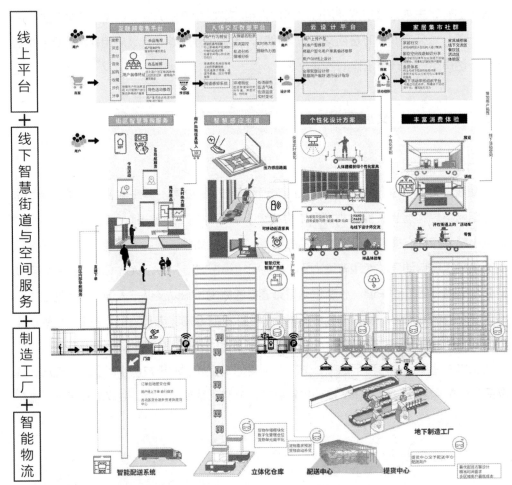

图 9-9　未来街道空间由线下转向线上线下融合，更加智能地提供个性化服务，满足人类即时需求

来源：北京城市实验室和腾讯研究院，2022

（2）功能转变重组

　　共享单车、共享电动车等共享交通极大地解决了通勤最后一公里问题，并有助于城市可持续发展。大量共享的自动驾驶汽车将成为空间的延伸，由单一维度的交通空间拓展为办公、休闲、医疗、零售等多功能复合的智能移动空间，并提供更加多元的 O2O 服务（图 9-9）。随着共享单车、共享租赁汽车、私家车共享等出行方式普及，重新定义城市等时圈、服务半径、地铁房等概念。无人驾驶车辆成为交通空间的延伸，部分自动驾驶汽车与快闪店、办公室、AR 游戏、咖啡馆、城市农场、医疗站和酒店等多种应用场景结合打造新型移动空间，并可通过 APP 对其进行预约，以此来减轻城市拥挤交通的负担并改善居民生活。

（3）运营管理新思路

在运营管理方面，城市交通标识系统将更加智能化，智慧路缘、停车诱导系统、智能泊车、智能导航等数字化设施更加普及，交通管理实现全域感知、实时监测、及时预警以及智能调度。智能停车系统可减少寻找停车位的多余路途油耗；智能信号灯可优化路口的等待时间，使驾驶员能够保持一致的速度通过路口，减少油耗和排放，进而减少碳排放。

9.3.4　未来城市休闲空间

（1）区位结构变化

网络消费渗透人们的衣食住行，并从线上转化为线上线下结合，未来消费方式升级，消费自助化和虚拟消费方式普及，人们在家中即享受实体到店的五感体验。社区提供基于位置的便利生活服务，围绕社区配备个性化物流配送仓库。网络空间区位愈发重要，数据算法与网络评价使商业与娱乐空间的选址和需求发生改变，基于 AR 体验的临街商业模式复兴，部分店面选址从"金角银边草肚皮"转变为"酒香不怕巷子深"。线上虚拟购物的增强对线下实体商业产生强烈影响，促使其加速转型。

伴随着以 AR 技术、元宇宙为代表的虚实空间的不断交互融合，传统城市公共空间的活力有望得到全新激活。云旅游、云展览、云演唱会、360°"自由视角"运动赛事等在线休闲娱乐方式使个体休闲娱乐方式日趋丰富。数字创新使公共空间能够为人们提供个性化的互动体验，提升公共空间吸引力，同时使人们对数字依赖感加强，空间呈虚拟数字化特征。"线下空间 + 互动设施""线下空间 + 直播""线下空间 +AR/VR"等模式将成为公共空间新的发展趋势。而随着物联网传感设备的植入与使用，对于公共游憩空间的运营管理也将进一步智能化，并提高公众参与度（李伟健和龙瀛，2022）。在此过程中，对于自然与健康的不变追求将进一步引导未来城市游憩空间在强智能与管理支持下，回归自然生态与可持续发展，也迎来数字依赖增强虚拟进阶扩展。

（2）功能转变重组

传统商业空间不断升级其场景功能，集网红打卡地、休闲娱乐、咖啡餐饮等于一体。不同规模的线下商业空间转型，大型商业空间趋向于"大而全"的综合发展，小型商业空间提供便捷的生活服务。大型商业空间综合化、体验化、环境化，线下实体店的体验属性功能增强，转向场景化、娱乐化、社交化；小型商业便捷化、品质化、生活化，诸多街边便利店，灵活调整货物种类，并提供热水、快餐加热即食等综合服务，而不仅仅是零售商品销售；中型商业向大型、小型转化或逐渐被替代。未来虚拟购物方式的增强或对线下实体店产生更加强烈的影响，促使商业空间加速转型。随着 AR/VR 等虚拟现实技术的成熟和物流效率的提高，未来人们在家中即享受实体到店的体验。线下商业无人化，无人便利店、无人超市等商业空间智能化进一步普及。过去依赖于硬币 / 纸币支付的街头室内贩卖机在移动支付时代得到更大发展，不拘泥于实体货币的消费形式，促使更多类型的小型商业设施的布局，加速空间碎片化。智能家具、能源装置等数字化手段也能提高公共空间的利用率，使线下公共空间由单一功能向功能复合转型。

（3）运营管理新思路

智能运营管理，随着物联网、传感器的植入，公共空间运营管理将进一步智能化，公众参与度提高。一方面，技术带来生态城市理念的落实，通过智能手段加强管理能力，景区互联网化，景区信息化建设，云建设、云平台、直播系统等成为标配，改变公园运营管理机制，通过环境监测、交通监测、能耗监测、安防、养护、照明、灌溉、水景等子系统，为各公园的高效运行提供支持，有效降低管理和运行成本。另一方面，人人可参与公园的活动组织、运营和管理，如人们通过 APP 预约公共活动等，使城市回归可持续，人们回归自然。

40 课件：未来城市
空间；设施层面

9.4　未来城市空间设施层面

9.4.1　未来城市公共服务设施

不同类型的服务场景均趋于向线上线下融合以及智能化、分布式服务转变。具体而言，传统的线下药店、医院、诊所将向线上线下结合转型，为患者、老人提供到家、远程服务。更多由物联网监测、灵活移动、弹性可变的医疗空间将为应对突发公共卫生事件提供有效支持；形成"综合及专科医院医疗—社区医疗—居家医疗—移动医疗"的分级诊疗空间体系，社区级别医疗服务增多。

在线教学（MOOC）、多媒体教学、混合式教学等模式创新，线上线下结合，未来教育逐渐向智能化方向转变。与集中化的大型教育空间相比，碎片化学习中心有所增加，教育空间选址也将更加接近居住地。单一空间转向教学区和非学习区、公共空间混合的空间，并配备虚拟仿真实验室、3D 打印室等。国家智慧教育平台、虚拟教研室上线，也以高水平的教育信息化引领教育现代化。

人脸识别支付、指纹支付等移动支付手段普及，诸如比特币等基于区块链的支付方式不再依赖第三中心方。实体银行网点数量减少，实体银行功能向服务化转变：选址更加围绕社区布置，并由在线化向智能化发展，出现更多的无人银行。政务服务由线下转至线上，通过"一网通办"自助办理和在线办理等方式，实现 24 小时"不打烊"服务能力升级。政府办公大厅不再完全依赖于实体空间，其服务层级下沉至社区，出现更多便民的社区政务中心、24 小时自助政务服务驿站，社区级别政务服务能力在技术发展下得到增强。

9.4.2　未来城市市政基础设施

传统基础设施趋于智能化，而建成环境要素趋于感知化。新基建围绕数据这一生产要素，呈现数字基建（核心）与传统基建（辐射）的补充融合，包含数字基建等新一代基础设施的加入，也包含对传统基建的改造升级。一方面，未来包括铁路、地铁、公路交通设施，给水、排水、供电、通信等城市市政工程在内的传统基础设施领域，都将叠加传感器及监测调度平台等数字化图层，实现城市部件的智能化，如自主感知、监测、反馈、预警和管理。另一方面，传统城市空间元素中将有更多的新型基础设施的融入，从而对建成环境要素和人群活动情况有实时数据反馈、异常监测与预警、智能管理与实施，从局部感知走向城市全域感知网。多种类型的机器人构建便捷可达的服务圈，增补信息数字化城市市政设施，可进一步测试和探索，具体服务包括引导接待、互动展示、玻璃清洁、特殊帮助等。"双碳"目标的背景下[①]，新型能源设施不断推进，并与互动设施、建筑等广泛结合，新能源充电基础设施建设也进一步提速。此外，完善城市 ICT 基础设施的建设即完善城市信息物理系统（Cyber-Physical Systems，CPS）的底层构建（龙瀛和张恩嘉，

---

① 2020 年 9 月 22 日，我国在第 75 届联合国大会上宣布，中国二氧化碳排放力争于 2030 年前达到峰值，努力争取 2060 年前实现碳中和。

2019），针对多场景、多应用提升设施智能运营管理水平，在此过程中将呈现一定的市场化趋势，由城市运营商、零售商、开发商、科技公司与政府等共同建设运营，但同时会带来数字伦理和隐私侵犯、数据霸权和社会公平缺失等方面的不确定性风险。

9.5　本章小结

在新技术与新生活方式的驱动作用下，本章总结了不同空间尺度和场景类别等多个维度，对未来城市的空间原型进行了系统性、结构化剖析梳理，从技术视角归纳未来城市空间的演化规律与特征，引发更深入的讨论与研究。

但复杂城市系统的逻辑规律涉及其背后的经济、社会、文化、生态等诸多属性，需要跨学科合作以建立"城市科学"共识。同时，基于物联网的城市空间管理系统的建设使服务运营商、科技公司等其他市场力量能够参与规划，而社交媒体、参与式平台等工具使公众参与更加广泛和高效，有助于提出完善的未来城市原型。总体而言，未来快速发展的数字技术如何进一步影响城市空间，如何推动其对城市空间的正面作用，未来城市空间规划又该如何进一步响应城市空间的趋势变化等议题还需要进行持续性的研究探讨，才能最终实现未来城市和未来社会的智慧可持续发展。

41 课后习题

▍本章参考文献

[1]　BATTY M. Inventing future cities [M]. Cambridge：The MIT Press，2018.

[2]　CASTELLS M. The rise of the network society[M]. Oxford：Blackwell，1996.

[3]　DADASHPOOR H，YOUSEFI Z. Centralization or decentralization? A review on the effects of information and communication technology on urban spatial structure [J]. Cities，2018，78：194-205.

[4]　DUBOIS A，GADDE L-E. Systematic combining：An abductive approach to case research [J]. Journal of Business Research，2002，55（7）：553-60.

[5]　LONG Y. Redefining Chinese city system with emerging new data[J]. Applied geography，2016，75：36-48.

[6]　MA S，LONG Y. Functional urban area delineations of cities on the Chinese mainland using massive Didi ride-hailing records[J]. Cities，2020，97：102532.

[7]　WU K，TANG J，LONG Y. Delineating the regional economic geography of China by the approach of community detection[J]. Sustainability，2019，11（21）：6053.

[8]　北京城市实验室，腾讯研究院 . WeSpace 2.0・未来城市空间 2.0[R]. 北京：北京城市实验室，腾讯研究院，2022.

[9]　仇保兴 .“韧性”——未来城市设计的要点 [J]. 未来城市设计与运营，2022（1）：7-14.

[10]　李伟健，龙瀛 . 技术与城市：泛智慧城市技术提升城市韧性 [J]. 上海城市规划，2020（2）：64-71.

[11]　李伟健，龙瀛 . 空间智能体：技术驱动下的城市公共空间精细化治理方案 [J]. 未来城市设计与运营，2022（1）：61-68.

[12]　龙瀛，张恩嘉 . 数据增强设计框架下的智慧规划研究展望 [J]. 城市规划，2019，43（8）：34-40，52.

[13]　牛强，易帅，顾重泰，等 . 面向线上线下社区生活圈的服务设施配套新理念新方法——以武汉市为例 [J]. 城市规划学刊，2019（6）：81-86.

[14]　汪明峰 . 互联网使用与中国城市化——“数字鸿沟”的空间层面 [J]. 社会学研究，2005（6）：112-135，244.

[15]　王晶，甄峰 . 信息通信技术对城市碎片化的影响及规划策略研究 [J]. 国际城市规划，2015，30（3）：66-71.

[16]　吴康，龙瀛，杨宇 . 京津冀与长江三角洲的局部收缩：格局、类型与影响因素识别 [J]. 现代城市研究，2015（9）：26-35.

[17]　徐晓峰，马丁 . 无人驾驶技术对城市空间的影响初探——基于中国（上海）自由贸易试验区临港新片区探索性方案 [J]. 上海城市规划，2021.

[18]　杨德进 . 大都市新产业空间发展及其城市空间结构响应 [D]. 天津：天津大学，2012.

[19]　张京祥，张勤，皇甫佳群，等 . 未来城市及其规划探索的“杭州样本”[J]. 城市规划，2020，44（2）：77-86.

[20]　张睿，吕衍航 . 国外“合作居住”社区——基于邻里、可支付、低影响概念的居住模式 [J]. 建筑学报，2013（S2）：60-65.

第10章 未来城市空间创造

新兴技术为未来城市空间的创造带来诸多挑战的同时也提供了诸多机遇。面对城市这一不断生长变化的复杂巨系统，传统的规划设计或单一的社会力量已无法满足新时代对于城市空间创造的需要。当下正是人类城市文明发展的十字路口，如何发掘科学理性、与时俱进的技术方法论，凝聚多方社会力量，明晰未来城市空间创造的实现路径成为十分重要的议题。

本章将围绕未来城市创造方面的核心方法论以及参与的社会主体展开，首先对未来城市空间创造所应用的核心方法论即数据增强设计进行阐述，并针对更加面向未来的数字创新应用进行展望，其次对多元社会主体在共创共治未来城市空间过程中所扮演的角色进行分析说明，以期为未来城市创造提供一定参考。

42 课件：数据增强设计（DAD）

10.1　数据增强设计（DAD）

10.1.1　数据增强设计的概念与内涵

自第三次工业革命起，计算机便被用于支持城市规划设计。最初其角色只是辅助计算和绘图，伴随硬件升级与算法革新，计算机辅助设计不断发展，引发了城市模型、规划支持系统、生成式设计等风潮。2010 年代后，随着大数据与开放数据的普及，数据密集型的第四研究范式出现并渗透到各个学科。受此影响，计算机辅助设计也从算法规则驱动向数据驱动转型：依靠新数据，研究可以深入挖掘新技术影响下的城市空间变化，刻画人群行为特征，为规划设计提供更科学的支持。在这一背景下，立足于新数据环境的计算机辅助设计新模式——数据增强设计（Data Augmented Design，DAD）应运而生（龙瀛等，2022）。

数据增强设计是由龙瀛和沈尧于 2015 年提出的面向未来的、基于数据驱动的城市规划与设计方法论。它以定量城市分析为驱动，通过数据分析、建模、预测等手段，为规划设计的全过程提供现状分析、规划设计、实施评估等支持工具，以数据实证提高设计的科学性，致力于减轻设计师的负担而专注于创造本身的思考，同时增加结果效应的可预测性和可评估性（龙瀛等，2015）。

在 DAD 方法框架下，大覆盖且高精度的城市数据克服了传统规划设计在不同尺度上匹配衔接困难的问题，将空间效应置于同一分析尺度；同时通过城市数据分析方法和模型，提炼最适当的城市设计要素，并考虑规划建设法规、导则和上位规划作为控制因素的要求，最终结合个人知识和判断生成设计方案。也将进一步被数据化并根据评价情景计算不同的评价结果，推动后续方案的迭代优化并最终达到科学性、可行性、时效性以及美学性的复合要求。

DAD 相对于定量城市研究而言，更强调面向未来的规划设计干预，因此不局限于对城市生活和城市空间的刻画，还强调数据在城市规划设计及评估方面的重要作用。其核心主要体现在两个层面：其一，充分获取和分析城市实体空间和社会空间的数据，以支持对当下城市空间的全面认知；其二，充分认识数据背后的城市生活，厘清城市空间组织、运行方式及人们生活方式发生的变化，关注新兴技术对城市生活与城市空间的影响。在内涵方面，DAD 具有全周期、精细化、以人为本等特点，但其中最有代表性的是多场景性——相较于主要面向空间开发的传统规划设计，DAD 适用于更多情境。依

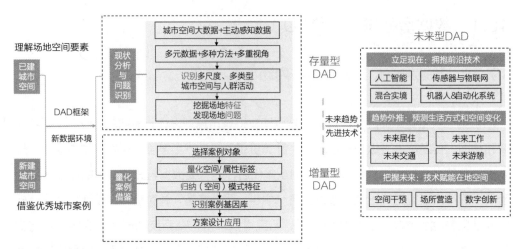

图 10-1 数据增强设计的三种类型
来源：根据龙瀛等，2019 改绘

据应用场景，可将 DAD 划分为三种范式：存量型 DAD、增量型 DAD 及未来型 DAD。
其中，存量型 DAD 和增量型 DAD 致力于回答如何把握新机遇，借助数据技术及案例
借鉴提升规划与设计的效率和效益，是新数据环境下强化城市现状认知的视角；未来型
DAD 则致力于推演城市发展的新趋势，通过数字创新的方法应对城市规划与设计在新
时代面临的挑战，是技术发展背景下未来城市探索创造的视角（图 10-1）。

10.1.2 数据增强设计的应用——强化认知视角

在强化认知视角下，存量型 DAD 面向城市更新场景，以新型数据为基础，通过深
入分析多元（建成环境、行为活动）数据，实现特征挖掘和问题识别，从而精准认知存
量空间现状，以此支持设计应对，解决痛点问题，提升空间品质。其典型的应用包括：
①基于城市空间分析的城市发展模式与形态测度及其设计延续，利用多元数据对现有城
市空间形态进行定量测度，分析周边建成环境特征，支撑场地的更新设计。②基于社会
感知数据分析的城市活力评估与总体规划设计，从经济、社会等维度对城市空间效能进
行大规模评估，对活力较低区域进行针对性设计。③基于街景与深度学习的城市空间品
质诊断与城市更新，构建泛在图片数据结合深度学习的大规模人本尺度空间品质智能测
度方法，识别城市空间品质问题。④基于主动城市感知与深度学习的城市空置识别与设
计响应，搭建主动城市感知平台，基于新技术设备进行空间数据主动采集，大幅提升数

据的覆盖度及时效性。

增量型 DAD 面向城市扩张场景，以规划设计案例为基础，先收集并量化其建成环境属性、设计与建设信息等数据，再通过人工或机器学习方式进行模式特征归纳和聚类，从而形成结构化案例库和模拟模型，为方案提供策略与技法上的参考。其典型的应用包括：①总体城市设计的城市形态案例借鉴，利用量化案例借鉴方法对建成环境进行分析，提供认识城市形态规律以及差异性的途径。②特定类型空间设计的系统性案例研究，大规模、结构化检索整理相关设计案例，通过对案例进行若干维度的属性划分总结相关规律特征。

在实际的智慧规划应用中，DAD 在充分获取建成环境及人群行为活动数据的基础上，通过多类型数据驱动模型及方法的应用，实现规划对象即城市空间要素的智能化、规划流程的科学化及规划成果的多元化（图 10-2）。从城市空间要素角度，城市空间内将布置更多的传感设备、交互设施等，通过智慧管理系统的运营，实现数字孪生系统的构建，物理实体和虚拟模型之间的数据和信息得以交互。从规划流程角度，智慧规划充分结合数据增强设计的流程，实现数据对城市现状的深入刻画的同时，构建城市案例借鉴基因库，辅助规划设计方案的形成，并通过参与性的决策，完成规划设计的成果。规划实施后通过实时数据的采集和分析，结合相关规范及标准，实现对规划设计的实时评估。从规划成果角度，智慧规划将充分拥抱现有的技术手段，实现规划成果的数字化和动态化表达，并结合虚拟现实、增强现实等技术手段，实现规划成果的混合实境表达，提高公众参与的便捷度。智慧规划不是简单的规划信息化、标准化和规范化，除了数据基础设施的完善，还有方法论上的探索，更核心的是认识论上的转变（龙瀛等，2019）。

10.1.3　数据增强设计的应用——探索创造视角

未来型 DAD 面向未来空间转型场景，以颠覆性技术为基础，从本体论角度揭示新技术影响下城市空间与社会的本质变化，预测未来人与空间及其交互模式的演变趋势，进而对未来的人居形态进行设计。其中，将数字创新与空间干预、场所营造（Spatial Intervention，Place Making and Digital Innovation，SIPMDI）结合是一种新的设计理念及方法，是数据增强设计中面向未来的设计手段，是实现智慧城市空间投影的重要途径。通过利用各种智慧化手段及智慧设施，结合传统的空间干预和场所营造设计手法，打造智慧化的城市空间，以更好地满足当下人们的活动需求，并使城市空间具有自适应

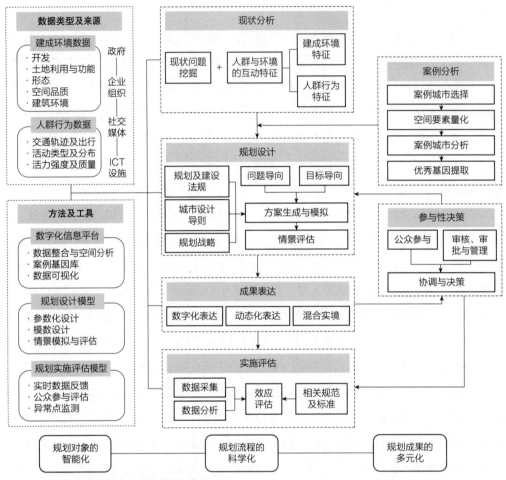

图 10-2　数据增强设计框架下的智慧规划流程
来源：龙瀛等，2019

和节能效果，提升空间的使用及管理效率，提高空间活力，最终实现空间"安全舒适、高效节能、弹性使用、智慧监管、趣味活力"的美好愿景（张恩嘉和龙瀛，2020）。数字创新也是未来城市空间创造最为重要的手段之一，将在下一小节展开说明。

43 相关文献：龙瀛和张恩嘉 2019 城市规划 _ 智慧规划

44 相关文献：张恩嘉和龙瀛 2020 规划师 _ 数字创新

45 相关文献：龙瀛和郝奇 2022 世界建筑 _ 数据增强设计

46 课件：数字创新：未来空间设计

10.2　数字创新：面向未来的数据增强设计

10.2.1　数字创新的概念与内涵

　　数字创新是未来型 DAD 所使用的重要手段之一，面向未来的数据增强设计需要通过"全面感知—智能计算—精准匹配—协同响应"的数字创新工具来实现基于数据分析的空间设计增强，从而适应人们日常生活与城市空间的发展趋势。数字创新便是通过将数字工具应用于多种创新方法中，提升空间品质和场所氛围，达到解决问题、提高效率和增加收益的目标。具体而言，数字化新媒体介入城市空间的趋势上升，其可通过渐进式、临时性、设计介入的方式重塑城市空间属性，以实现空间的虚拟性、体验性、强媒体性和新文化性。借助现代数字技术的空间将人从观赏者变成参与者、设计者或建造者，人与人、人与空间的互动形式得以丰富，促进人际交往、增强场所归属感（姚雪艳等，2017）。除此之外，基于位置的数字空间场所营造也为适应当代社会发展趋势、平衡人们娱乐需求及社区信息获取提供了新的思路（Carolyn et al.，2019）。在这样的背景下，数字创新可进一步从宏观场景及微观空间两个视角展开进行说明。

10.2.2　数字创新的应用——宏观场景视角

　　正如米切尔在 20 年前预测的那样，"信息化对社会影响的深刻程度不亚于电气化，旧的社会结构——受地点和时间制约的组织方式——已经出现裂痕"。ICT 编织的信息流网络连接时间与空间，将时空要素进行解构并重构。城市空间作为信息、商品生产及活动载体的功能也进一步被拆解和调整（周榕，2016）。因而，城市空间原有的时空运行逻辑在 ICT 影响下发生了变化，ICT 将改变现存的城市组织要素的功能和价值，并且重建他们之间的关系，由此形成"以时间换空间""以信息换能量"和"以物流换人流"三种典型的变化场景（张恩嘉和龙瀛，2022）。

　　（1）以时间换空间

　　城市不同功能被使用的频率不同。然而过去受限于数据获取与管理方法的时空精度，城市规划、设计及管理者难以对同一空间在不同时间的需求进行感知，也不能精细化地管理和分配空间资源。因此，往往通过冗余较多的低频城市空间设计满足人们高频的活动需求。然而，随着 ICT 对地理约束的降低，人们更容易了解不熟悉地方的空间信息，也更容易到达可视性较低的隐藏空间，城市空间设计的冗余性可以一定程度降低。以往针对不同的活动及功能的空间设计中，空间功能与空间形式相匹配。在未来，借助 ICT 对活动的引导以及对空间的动态管理，规划设计者可以以时间换空间，实现空间的动态调整与混合使用，空间形式不再必须追随功能（Batty，2018）（图 10-3）。

　　一方面，针对分散在各处的相同使用功能的空间，我们可以将低频空间如书房、休闲、娱乐、会议等功能进行整合，通过化零为整、空间共享及分时复用的方式，提高空间的使用效率（图 10-3 上）。另一方面，针对同一公共空间，可以通过基于数字边界的空间形态的动态调整，满足不同时间下不同类型活动的需求，实现同一空间不同功能的分时组合（图 10-3 下）。通过弹性灵活的空间设计，充分发挥空间的使用潜力，提升空间的利用效率。

　　（2）以信息换能量

　　随着移动互联网覆盖度的提升，以往城市空间的信息功能被网络信息流逐渐替代。其在引导出行及活动，调整空间的使用及布局方面起到关键作用。以往以空间为核心的活动组织形式逐渐转换为以人为核心的活动组织。远程办公、线上服务、网络休闲

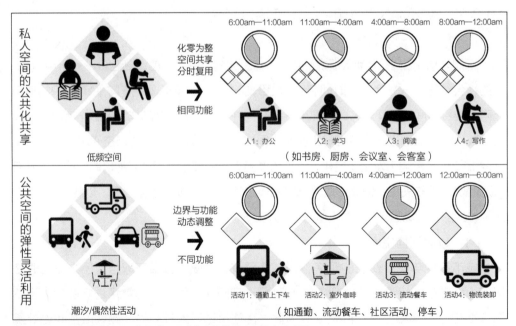

图 10-3　以时间换空间——相同或不同功能空间的整合与共享示意图
来源：张恩嘉和龙瀛，2022

等线上活动形式节约了人们出行和城市空间的成本，以往为了人们更容易获取信息而产生的出行成本及对空间资源的需求将被大幅度降低。但与此同时，新的线上活动也会促进新的出行需求和空间形式的产生。因此，城市空间会更加强调其作为活动容器的作用，并提供与众不同的、难以复制和被互联网替代的、具有本地独特吸引力的空间体验（图 10-4）。

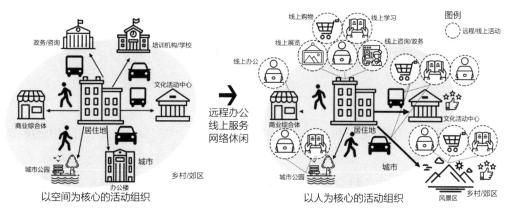

图 10-4　以信息换能量——远程／线上服务改变人的出行需求及活动空间偏好示意图
来源：张恩嘉和龙瀛，2022

（3）以物流换人流

建筑空间除了承担信息功能外也承担商品及服务供给的功能。在过去，前店面和后房间分别起到信息提供和商品满足功能。然而，以往信息的传递更多是单向的且途径单一，消费者需要通过自身的流动主动去获取信息并满足商品需求。而随着店面的信息功能被互联网替代，前店面的重要性被降低，甚至可以与后房间进行拆离。后房间则可不必位于租金较高的商业区，可以选择贴近消费者的区域或者贴近生产端的区域。与此同时，双向流动的信息路径使得消费者可以提供自身的空间信息和需求，基于线上线下服务（Online to Offline，O2O）的服务者和产品提供商可以主动流向消费者（牛强等，2019）。而原来为了减少消费者信息获取及出行成本而产生的各级商业中心的空间区位的重要性被削减。因此，随着物质流动方向的转变，商品／服务供给地的选址便更加灵活。伴随着流动方向变化的是城市交通组织系统的调整。以往交通空间的设计主要为了承载人流，因此注重对步行、公共交通、私家车等不同出行形式的道路网络设计及设施配套。而伴随着城市商品和服务流动方向的调整和转变，城市空间针对物流仓储与

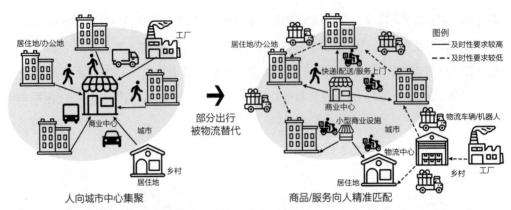

图 10-5　以物流换人流——商品 / 服务与消费者的双向流动示意图
来源：张恩嘉和龙瀛，2022

运输的空间形式设计开始涌现，如物流园区、物流配送中心、快递驿站、智能快递柜等（图 10-5）。

数字创新在上述三种未来城市空间变化场景中拥有差异化的使用特征。在以时间换空间的场景中，数字创新在空间干预层面的应用主要体现在通过传感器感知空间的使用情况，自动匹配不同时段和人群的使用需求，并通过数字设施对时空边界进行控制和自适应调整。数字创新在场所营造层面的应用主要体现在通过手机应用、小程序或其他智慧设备收集、匹配并整合人在不同时段的空间需求，并通过导航、通知等形式引导人的活动。

在以信息换能量的场景中，在线休闲、远程服务及办公系统使得提供服务的对象及空间不受消费者出行范围及可达性的地理约束，可以自由选址。而与此同时，剩余的空间需要重新考虑它们的使用功能和提供服务的在场价值。数字创新技术可以提升城市空间作为活动载体的功能：通过空间干预植入互动的声、光、电等氛围营造设施，布置服务机器人、互动娱乐设施等智慧执行体，以及通过场所营造的 AR、VR、MR 等混合实境技术来提升空间的沉浸式体验和可玩性。

在以物流换人流的场景中，由于服务场景的主体及移动方向的转变，部分服务空间的选址更加自由，而与物流相关的交通空间也将被智慧化改造，实现车路协同。数字创新技术可通过空间干预布置多种类型的传感器实现路面及管道对物流载体的全面感知，以及多功能智能信号实现对行人的感知和通行引导，并通过导航、通知等手机应用引导行人流与物流的分离，保障行人安全与物流机器人的通畅运输（图 10-6）。

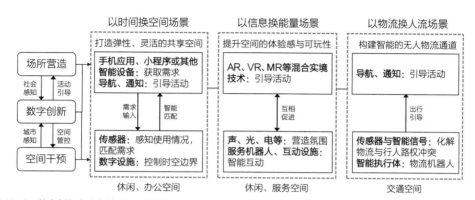

图 10-6　数字创新在未来城市不同场景中的应用
来源：张恩嘉和龙瀛，2022

10.2.3　数字创新的应用——微观空间视角

在微观空间视角下，数字创新的应用场景主要有三种形式：基于空间干预的建筑外部公共空间（街道、广场、街巷节点、绿地、公园等）、城市家具及建筑的智慧化，通过各种信息平台及混合实境手段实现场所营造的智慧化，以及基于实体空间体验的虚拟场景构建。其中，前两种是数字创新通过空间干预与场所营造的方式实现对实体空间体验的增强，第三种数字创新的方式是对建成环境设计要素的拓展——不局限于实体空间，还注重对虚拟空间场景的打造（图 10-7）。

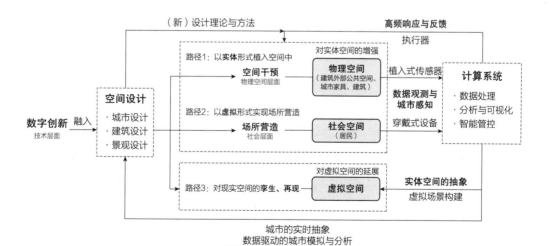

图 10-7　数字创新融入空间设计的三种路径示意图
来源：张恩嘉和龙瀛，2020

（1）基于空间干预的数字创新

城市（公共）空间对于创造城市文化和形成社区纽带至关重要。数字创新，可通过传感器及执行器（Actuators）对空间界面进行智慧化处理，以实现空间的弹性使用、边界"软化"、智慧引导、能量转换、自适应调节、空间活化与互动等。这些空间界面既包括街道、广场与街巷节点等人工硬质界面，也包括绿地、公园等自然景观界面，还包括建（构）筑物外立面。空间中原有的栅栏、路缘石与台阶等硬质边界由自动化的升降装置或 LED 灯带等替代，空间的"软化"管理加强了空间使用的灵活性，机动车、非机动车、步行的空间范围，或者交通区、休闲停留区等空间分区可弹性调整。信息引导方式更加多样，植入式的边界及路标也更加人性化。针对空间的实时监控和自适应调节设计将使空间的调整更加灵活，尤其是通过对景观要素的实时监控，可实现园区自动管理、微气候调节及预约使用等功能，节约资源和能源，减少城市的热岛效应，增强空间的领域感。而针对建筑外立面的智慧化更新及改造，可减少更新成本，实时调整建筑外观，改善消极空间（图 10-8）。

城市家具作为城市（公共）空间的重要组成要素，是满足街道、广场等区域的基本功能，美化环境中使用的所有元素，对行人进行管理和引导的工具，是多功能规划的重要组成部分。按照功能可将其分为信息设施、公共健康设施、照明设施、安全设施、交通设施、公共休闲设施与艺术景观设施等（表 10-1）。城市家具的数字创新主要体现在三个方面：一是针对基本需求设施进行多功能、智慧化的改造，如智慧垃圾桶、智慧桌椅、智慧路灯等；二是根据已经发生变化的需求进行新设施、新功能的补充，如充电设备、Wi-Fi 设施等；三是创造引导新活动的设施，提升空间趣味性及活力，如智慧机器人、艺术装置等。这些城市家具的使用满足了城市空间中的新使用需求，并提升了空间活力。

（2）基于场所营造的数字创新

随着人们的社交活动向线上活动转移，传统城市空间对人的价值和意义在逐渐降低，因此想要让城市空间重新焕发活力，场所营造的方式极为重要。基于人对场所依赖的两种形式，场所营造可以通过两种方式来提升：一是促进人与人在设计场地的互动，二是促进人与空间的互动和交流。针对前者，可以通过开发一些手机应用或线上互动平台等，收集人对空间的反馈及情绪，并组织线上线下结合的活动，促进居民与规划师、管理者及居民与居民之间的互动交流，创建数字网络社区文化。针对后者，除了空间干预中的一些互动设施以外，一些虚拟的手段也可以用于增强并引导人与空间的互动。这

· 人工硬质界面的智慧化

（a）动态路缘　　　　　　　（b）绿波设计　　　　　　　（c）足迹能量

· 自然景观界面的智慧化

（d）雨洪管理　　　　　　　　　　　　　（e）屋顶农业

· 建筑物、构筑物外立面的智慧化

（f）动态立面　　　　　　　（g）媒体墙　　　　　　　（h）无限体育馆

图 10-8　基于空间干预的城市空间界面数字创新示意图
来源：张恩嘉和龙瀛，2020

城市家具的智慧化　　　　　　　　　　　　　　　表 10-1

设施类型	传统的城市家具	智慧城市家具
信息设施	指路标志、电话亭、邮箱	智慧路标、智慧机器人、电子公告栏
公共健康设施	公共卫生间、垃圾箱、饮水器	公共卫生间、智慧垃圾桶、智慧饮水装置
照明设施	路灯	智慧路灯、交互照明设施
安全设施	摄像头、栏杆	监控摄像头、智慧报警桩、智慧栏杆
交通设施	巴士站点、车棚	动态路缘、智慧停车、路面交通信号灯
公共休闲设施	坐具、桌子、游乐器械、售货亭	智慧桌椅、互动娱乐设施、共享休闲空间装置
艺术景观设施	雕塑、艺术小品	智慧构筑物、艺术装置

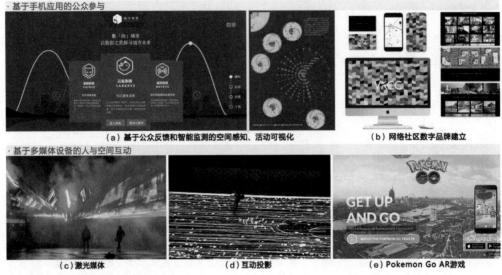

图 10-9　基于场所营造的数字创新示意图
来源：文献（张恩嘉和龙瀛，2020）

些手法包括结合虚拟现实与增强现实的混合实境，二维、三维投影设备，以及各类手机
应用或交互游戏等。这些虚拟的手段通过营造声、光、热等环境氛围，让人沉浸于空间
体验中，或者通过事件营造与互动游戏促进人对空间的探索和使用（图 10-9）。

（3）基于实体空间的虚拟场景构建

如果说数字时代下城市空间的信息功能逐渐被互联网所替代，那么城市空间作为载
体的实体功能也在随着线上活动的逐渐丰富而受到挑战。因而建筑师、规划师的工作范
畴也应有所延展。除了通过空间干预和场所营造的方式对实体空间进行功能提升与场景
营造以外，还应将线上空间作为新的要素纳入设计对象，将实体空间场景构建到虚拟空
间中，营造远程的空间场景体验和互动。纯数字创新的手段通过将城市、建筑、景观的
研究、设计及空间展示成果与互联网技术、娱乐进行充分融合，可以将建成环境专业的
影响力拓展到文旅和游戏等行业，并且能够让人们在线上活动中体验到城市空间与传统
建筑的魅力。基于三维建模的场景展览、基于全景照片与新媒体互动的远程游览及基于
实体空间的游戏场景构建等都属于这种形式的数字创新应用场景。

47 相关文献：张恩
嘉和龙瀛 2022 上
海城市规划 _ 数据
增强设计

48 课件：技术驱动
下的多元社会主体
参与

10.3　技术驱动下的多元社会主体参与

　　未来城市空间不仅是静态的物质产品，在技术驱动下其复杂巨系统以及数字孪生、运营服务化的新特征愈加明显，逐渐演变为动态有机生长的生命体。因此，对于未来城市空间的创造应从单纯的设计转化为超越设计，并在实体空间、社会空间与信息空间等多个维度进行整体考量，注重对于新技术方法的运用、多技术情景的分析评估以及科学合理决策。与此同时，未来城市空间的创造毫无疑问也需要多学科、多领域交流融合以及更加多元社会主体的广泛参与（图 10-10），而与过去相比，技术驱动下不同主体在参与方式与所扮演的角色方面有不同程度的转变（龙瀛等，2023）。未来城市空间实现路径依靠多种社会主体力量的共同参与，设计公司、科技公司、开发商、零售商、运营商以及高校、公众等其他社会群体在政府主导下竞争协作参与城市空间共建。新兴技术既作为生产力工具进行智慧化创造，又充当信息沟通的高效桥梁促进不同主体间的彼此反馈。

　　（1）设计公司

　　设计公司内部面临智慧、数字化的转型并积极与科技公司等前沿力量赋能合作，未来将直接参与城市空间的设计创造，并仍然在其中扮演核心角色。随着技术发展以及由此影响下人们对于空间使用需求的变化，设计公司也开始注重利用新兴技术与新方法理念，关注城市空间形态、功能使用方面的新变化特征，以更好地满足人们的活动需求，达到城市空间自适应与节能的效果，提升空间活力以及使用管理效率。设计公司对未来

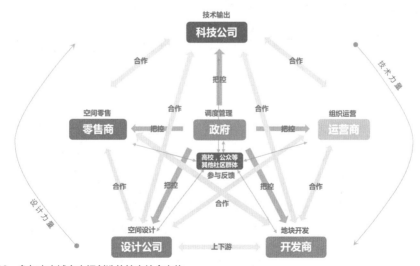

图 10-10　参与未来城市空间创造的核心社会主体
来源：作者自绘

城市空间从形象美化、公众参与、基础设施布置及能源利用等角度进行了积极探索。通过编程控制、立面投影、全息沉浸、虚拟 APP 交互、设施智慧服务、能量转化与数字景观可视化等手段实现对于城市（公共）空间的赋能提升（李伟健等，2023）。

例如，某规划设计有限公司在天津奥城社区建设新型智慧社区场景体系。编制《社区智慧化改造技术导则》对小区改造提升中的信息化工程、土建工程和智慧场景建设提供详细指导，并通过商业模式的设计形成可复制、可推广的业务模式。构建智慧社区综合管理服务平台赋能老旧小区，提升数字化水平，支撑社区治理能力精细化，实现数据汇合与全连接（图 10-11）。

图 10-11　智慧社区综合管理服务平台
来源：https://new.qq.com/rain/a/20221230A054RG00

BIG 建筑事务所与某汽车公司共同推出的编织城市（Woven City）为世界首个致力于全面提高交通的城市孵化器，其希望为测试和推进机动性、自治性、连通性、氢动力设施和产业合作提供生活实验空间，在科学技术、历史和自然共荣的未来，在人和社群之间建立更加紧密的连结。该项目将基于人们生活的真实场景，建设能够引入及验证自动驾驶、出行即服务（MaaS）、个人出行、机器人、智慧家居技术、人工智能（AI）等先进技术的实验城市。该项目旨在通过加速在该实验城市进行技术和服务的开发和实证实验，持续创造新的价值和商业模式（图 10-12）。

图 10-12　编织城市（Woven City）
来源：http://www.toyota.com.cn/brand/mobility_company/two.php（2022）

（2）科技公司

科技公司为未来城市空间的创造提供源源不断的技术赋能。未来其一方面将加强与政府的合作，积极参与城市纵向的高效智慧化治理，自上而下参与城市空间智慧治理的顶层设计，深化拓展新兴技术的组织架构与应用场景；另一方面将加强与设计公司等的合作，积极参与城市空间的智慧化建设与运营，自下而上拓展平台服务生态，以人为本、科技向善，更好地匹配城市居民的真实需求。

普兰尼特谷（PlanIT Valley）是葡萄牙北部一座全新智慧低碳生态城市。打造该生态城的灵感源自人的组织系统，普兰尼特谷就像人体组织一样，拥有"大脑"——一台中央计算机。这个"大脑"使用传感器网络来收集数据，该传感器网络同人的神经系统类似，可以控制整个城市的能源生产、水处理和废物处理。这就像"该城市拥有了新陈代谢的能力"（图 10-13）。

（3）开发商

开发商从单一的开发空间向开发配套服务模式转型，并逐渐从房企开发商向（城市）运营商转变，未来将参与城市空间的市场开发与利用。随着未来城市住宅需求放缓，单一的住房开发无法满足传统开发商的发展运行需求，于是其将更加注重对于未来城市空间的拥抱，进一步提升产品配套服务质量，创新服务模式，以匹配未来城市更加综合化、运营化的居住空间需求。

上海张江（集团）有限公司主要负责张江高科技园区的开发与建设，其中的张江人工智能岛入选上海市首批人工智能应用场景，并成为唯一的"AI+ 园区"的实施载体。该人工智能岛已吸引了某软人工智能和物联网实验室、某里巴巴等 20 多家聚焦人工智能、大数据、云计算、智能芯片研发等核心技术的企业争相入驻，成为新一代人工智能创新应用"试验场"（图 10-14）。

图 10-13　普兰尼特谷（PlanIT Valley）
来源：https://phys.org/news/2011-10-city-wide-sensor-cities-smoothly.html

图 10-14　上海张江人工智能岛
来源：https://subsites.chinadaily.com.cn/shanghaipudong/2019-04/26/c_368153.htm（2022）

　　由某科与申通地铁（上海地铁）共同打造的地铁上盖综合体项目是上海首个 TOD
项目，是上海未来的居住样本之一。整个地铁周边的土地某科都参与建设，真正形成了
站城一体化，是一个包含了公园、住宅、商业和办公的智慧社区与超级微缩城市。"天

空之城"借鉴了"高线公园"
的设计理念，从地铁站到住
宅组团间，利用项目本身的
基地高差打造了一条"空中
步道"，通过设计丰富的立体
交通系统，结合差异化、智
慧化的交通方式形成多层次
的回家动线。车行道、步行
道、慢跑道、自行车道等多
种道路都有规划，这些道路

图 10-15　"天空之城"
来源：https://mp.weixin.qq.com/s/cPMe2RL5VpwNPnclgAZihA（2022）

高低错落地通往购物中心、住宅组团、地铁站、停车场等，形成一个个垂直的空间层次
（图 10-15）。

（4）（空间）零售商

零售商逐渐面临新兴技术带来的服务场景、模式的机遇与挑战，从行业本身向外思
考未来城市空间的新型服务场景与模式。其参与未来城市空间各个不同的生态应用场景
的具体建设，往往利用自身对于具体服务场景模式的深刻理解，结合新兴技术带来的应
用赋能，即时探索创新服务应用的场景模式，提高服务效能与体验，弹性应对技术带来
的市场需求的变化。

汽车企业某迪和美国东部沿海城市萨默维尔（Somerville）合作启动智慧城市项
目，为解决当地停车和堵车问题，开发自动停车技术。项目着重于智慧汽车自动停车，
减少停车所占的面积，为停车场节省高达 60% 的空间（图 10-16）。

汽车企业某风日产以"智享·美好未来"为参展主题，启动专属品牌体验空间——
日产智行城市，汇聚日产智行（NISSAN Intelligent Mobility）智慧领域的前沿技术，
向消费者全面呈现智慧美好出行生活。日产智行城市深度结合消费者生活场景，通过智
行驾控、智行供能站、智控踏行、智影空间、智行感知助手、全智视界、智行伙伴、智
行顾问，为用户带来一系列充满科技性的趣味互动体验（图 10-17）。

（5）运营商

中国某动、中国某通等运营商积极参与数字化转型迭代，参与未来城市空间的策划
组织与管理运营。随着新兴技术的进一步发展与未来城市空间、资源要素的进一步数字
化发展迭代，万物皆可运营，城市（空间）变成一款最大的运营产品。不同社会力量均

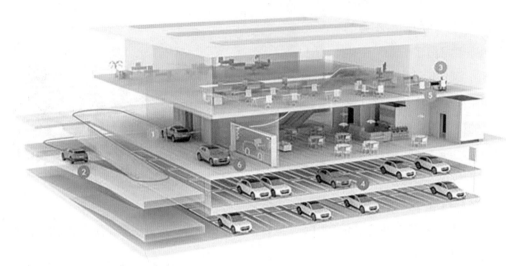

图 10-16 某迪萨默维尔智慧城市停车项目
来源: https: //mp.weixin.qq.com/s/j3x3v8JKQE5orAM-b1DwgQ（2022）

图 10-17 智行城市
来源: https: //www.sohu.com/a/355546491_391122（2022）

在竞争与协作中介入到对于未来城市空间的运营管理中来。

例如中国某动打造"智慧巡塘"物联网应用示范区项目，为城镇的管理提供了新的操作模型，也为城市从"数字化"向"智慧化"的阶段式跨越提供了具有实操性的范本。

作为智慧城市的重要参与力量，中国某通打造了"城市智脑 CityNEXT"新型智慧城市能力体系。2022 冬奥会准备期间，其针对北京首钢科技冬奥园区的需求，开发了智慧车联网业务平台主系统，完成了 5G+C-V2X 车联网、5G+ 北斗高精定位系统的部署。此外，其全面承接冬奥组委通信需求，打造标准统一的冬奥通信服务技术体系，统一规划北京、张家口两地三赛区的场馆网络。在全面覆盖 5G 网络后，首钢园区将继续探索远程办公、智慧场馆、移动安防、无人驾驶、高清视频等多种应用，成为城市科技新地标。

（6）政府

传统政府向数字化治理转型。与此同时，政府相关部门单一主导城市空间建设的传统高效模式越来越受到新兴技术影响而向多方力量协同建设的模式转变。未来城市空间将在政府主导参与下与多方社会力量进行协同治理。

例如杭州市政府主导规划湘湖·三江汇未来城市先行实践区，以"均等化 + 定制化"为目标，塑造以"现代里坊"为单元的宜居宜业新社区模式，并由此演绎出多种社区空间单元。实践区在适宜技术应用的原则基础上，充分利用杭州的数字技术与产业优势，从构建感知体系、营造未来场景等方面探索未来技术的应用和发展（图 10-18）。

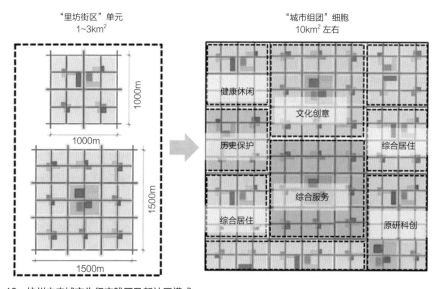

图 10-18　杭州未来城市先行实践区及新社区模式
来源：张京祥等，2022

　　成都东部新区围绕"建设全面体现新发展理念的城市和美丽宜居公园城市示范区"总体目标,遵循"科技变革推动城市革新、人本需求推动城市提升"两个城市演进维度,从五大革新、五大提升方面研究成都市东部新区未来城市特征。未来东部新区将构建具备数字城市在线监测、分析预测和智慧决策的智慧大脑,建设成为实时全域感知、全局洞察、精准调控的智慧城市,推动城市治理更加高效;构建一个方便市民可进入、可查询的智慧服务平台,一站式处理生活事务,享受高效便捷的城市服务(图 10-19)。

图 10-19　成都东部新区
来源:https://mp.weixin.qq.com/s/PK_zlPgpXN6hfcabFXro1w(2022)

(7)公众等其他社会群体

　　未来随着新技术朝着以人为本、更加细分的方向发展迭代,私人定制化的需求将得到精准捕捉与识别。作为"人—服务—空间"链条中最核心的部分,公众参与也会结合更加多元的社交媒体或参与式平台工具得以实现,进而丰富未来城市空间的智慧化建设方向。公众的参与也为各方社会主体在政府主导下的城市空间创造实践构建完善的信息反馈网络。

　　例如,波士顿公众在 2011 年参与了坑洼街道 APP(Street Bump)的出行数据收集,该移动应用程序通过使用智能手机的内置传感器,收集有关波士顿街道的路面坑洼数据(图 10-20)。

　　综上,未来城市空间创造依靠多种社会主体力量的共同参与,在政府主导下不同主体竞争协作参与城市空间共建,在此过程中,新兴技术既作为生产力工具进行智慧化创造,又充当信息沟通的高效桥梁促进不同主体间的彼此反馈。

图 10-20　坑洼街道 APP（Street Bump）
来源：https://www.boston.gov/transportation/street-bump（2022）

 49 相关文献：龙瀛
等 2023 城市与区
域规划研究 _ 未来
城市原型

 50 讲座课：技术发
展与未来城市

10.4　本章小结

　　新兴技术的发展成熟为未来城市空间创造的方法与路径带来了诸多影响。本章对未来城市空间创造的核心方法论即数据增强设计进行了详细说明，对其概念与不同视角下的应用进行总结，针对未来型 DAD 中的数字创新应用进行了展望，在此基础上对多元社会主体参与的情况进行了初步探讨和案例展示。

　　总体而言，当前城市科学研究与实践领域还有较大的拓展空间。关注新兴技术对城市生活和城市空间的影响，拥抱新数据与新方法，完善改进规划设计流程，是在新时代下学界与业界研究和实践的努力方向。面向未来，新兴技术的发展应顺应国家相关政策理念与指导思想，并考虑积极融入当下国土空间规划、城市更新与城市设计等具体的实践框架，强化技术应用的顶层设计与宏观指导，从而更加科学、可持续、以人为本地为未来城市空间的高质量发展提供积极有序的引导与作用。而未来城市空间的发展研究与探索，必将以实践的形式予以响应。在此过程中，对于新兴技术应趋利避害，引导技术向善以及其对于未来城市空间的正面作用，对技术潜在的负面效应进行及时评估预警，评估潜在的技术风险，让每个城市、空间及个体最终受益。

51 课后习题

▌本章参考文献

[1] BATTY M. Inventing future cities [M]. Cambridge：The MIT Press，2018.

[2] CAROLYN P，CARMAN N，KARYN M，et al. The role of a location-based city exploration game in digital placemaking[J]. Behaviour & Information Technology，2019（6）：624-647.

[3] MORGAN P. Towards a developmental theory of place attachment[J]. Journal of Environmental Psychology，2010（30）：11-22.

[4] 李伟健，龙瀛 . 空间智能体：技术驱动下的城市公共空间精细化治理方案 [J]. 未来城市设计与运营，2022（1）：61-68.

[5] 李伟健，吴其正，黄超逸，等 . 智慧化公共空间设计的系统性案例研究 [J]. 城市与区域规划研究，2023，15（1）：1-14.

[6] 龙瀛，郝奇 . 数据增强设计的三种范式——框架、进展与展望 [J]. 世界建筑，2022（11）：24-25.

[7] 龙瀛，李伟健，张恩嘉，等 . 未来城市的空间原型与实现路径 [J]. 城市与区域规划研究，2023，15（1）：1-14.

[8] 龙瀛，沈尧 . 数据增强设计——新数据环境下的规划设计回应与改变 [J]. 上海城市规划，2015（2）：81-87.

[9] 龙瀛，张恩嘉 . 数据增强设计框架下的智慧规划研究展望 [J]. 城市规划，2019，43（8）：34-40，52.

[10] 牛强，易帅，顾重泰，等 . 面向线上线下社区生活圈的服务设施配套新理念新方法——以武汉市为例 [J]. 城市规划学刊，2019（6）：81-86.

[11] 姚雪艳，徐孟 . 城市公共空间环境设计创新途径与导向研究 [J]. 景观设计学，2017，5（3）：18-31.

[12] 张恩嘉，龙瀛 . 空间干预、场所营造与数字创新：颠覆性技术作用下的设计转变 [J]. 规划师，2020，36（21）：5-13.

[13] 张恩嘉，龙瀛 . 面向未来的数据增强设计：信息通信技术影响下的设计应对 [J]. 上海城市规划，2022（3）：1-7.

[14] 张京祥，张勤，皇甫佳群，等 . 未来城市及其规划探索的"杭州样本"[J]. 城市规划，2020，44（2）：77-86.

[15] 周榕 . 硅基文明挑战下的城市因应 [J]. 时代建筑，2016（4）：42-46.

52 期末习题

图书在版编目（CIP）数据

新城市科学概论 / 龙瀛著 . —北京：中国建筑工
业出版社，2024.2
住房和城乡建设部"十四五"规划教材　高等学校智
能规划系列教材
ISBN 978-7-112-29577-7

Ⅰ.①新…　Ⅱ.①龙…　Ⅲ.①城市规划—高等学校—
教材　Ⅳ.① TU984

中国国家版本馆CIP数据核字（2023）第253290号

本教材为住房和城乡建设部"十四五"规划教材，分为新城市科学导论、新的城市科学、新城市的科学、未来城市四篇，详细讲解了新城市科学的相关概念、发展、特点、应用等方面的内容，包括：新城市科学的起源与发展，前三次工业革命与城市科学，第四次工业革命与新城市科学，新城市科学相关领域、研究机构及教育项目，新数据环境，新技术方法，新日常生活与社会组织，新城市空间，未来城市空间原型，未来城市空间创造。

为更好地支持本课程的教学，我们向采用本书作为教材的教师提供教学课件，有需要者请与出版社联系，邮箱：jgcabpbeijing@163.com。

责任编辑：杨　虹　尤凯曦
责任校对：赵　力

住房和城乡建设部"十四五"规划教材
高等学校智能规划系列教材

新城市科学概论
龙　瀛◎著
*
中国建筑工业出版社出版、发行（北京海淀三里河路9号）
各地新华书店、建筑书店经销
北京雅盈中佳图文设计公司制版
北京盛通印刷股份有限公司印刷
*
开本：787毫米×1092毫米　1/16　印张：13　字数：244千字
2025年5月第一版　2025年5月第一次印刷
定价：**56.00**元（赠教师课件）
ISBN 978-7-112-29577-7
　　　　（42308）

版权所有　翻印必究
如有内容及印装质量问题，请与本社读者服务中心联系
电话：（010）58337283　　QQ：2885381756
（地址：北京海淀三里河路9号中国建筑工业出版社604室　邮政编码：100037）